O'Reilly 精品图书系列

深度学习实战
Deep Learning Cookbook

［美］杜威·奥辛格（Douwe Osinga）著
李君婷 闫龙川 俞学豪 高德荃 译

U0199001

Beijing · Boston · Farnham · Sebastopol · Tokyo

O'Reilly Media, Inc. 授权机械工业出版社出版

机械工业出版社

图书在版编目（CIP）数据

深度学习实战 /（美）杜威·奥辛格（Douwe Osinga）著；李君婷等译 . —北京：机械工业出版社，2019.4（2019.6 重印）

（O'Reilly 精品图书系列）

书名原文：Deep Learning Cookbook

ISBN 978-7-111-62483-7

I. 深… II. ①杜… ②李… III. 机器学习 IV. TP181

中国版本图书馆 CIP 数据核字（2019）第 068514 号

北京市版权局著作权合同登记

图字：01-2019-1166 号

封底无防伪标均为盗版

本书法律顾问

北京大成律师事务所 韩光 / 邹晓东

书　　名/	深度学习实战
书　　号/	ISBN 978-7-111-62483-7
责任编辑/	卢璐
封面设计/	Randy Lomer，张健
出版发行/	机械工业出版社
地　　址/	北京市西城区百万庄大街 22 号（邮政编码 100037）
印　　刷/	北京瑞德印刷有限公司
开　　本/	178 毫米 ×233 毫米　16 开本　16.25 印张
版　　次/	2019 年 5 月第 1 版　2019 年 6 月第 2 次印刷
定　　价/	89.00 元（册）

凡购本书，如有缺页、倒页、脱页，由本社发行部调换

客服热线：(010) 88379426；88361066

购书热线：(010) 68326294

投稿热线：(010) 88379604

读者信箱：hzit@hzbook.com

O'Reilly Media, Inc. 介绍

O'Reilly Media 通过图书、杂志、在线服务、调查研究和会议等方式传播创新知识。自 1978 年开始，O'Reilly 一直都是前沿发展的见证者和推动者。超级极客们正在开创着未来，而我们关注真正重要的技术趋势——通过放大那些"细微的信号"来刺激社会对新科技的应用。作为技术社区中活跃的参与者，O'Reilly 的发展充满了对创新的倡导、创造和发扬光大。

O'Reilly 为软件开发人员带来革命性的"动物书"；创建第一个商业网站（GNN）；组织了影响深远的开放源代码峰会，以至于开源软件运动以此命名；创立了 Make 杂志，从而成为 DIY 革命的主要先锋；公司一如既往地通过多种形式缔结信息与人的纽带。O'Reilly 的会议和峰会集聚了众多超级极客和高瞻远瞩的商业领袖，共同描绘出开创新产业的革命性思想。作为技术人士获取信息的选择，O'Reilly 现在还将先锋专家的知识传递给普通的计算机用户。无论是通过书籍出版，在线服务或者面授课程，每一项 O'Reilly 的产品都反映了公司不可动摇的理念——信息是激发创新的力量。

业界评论

"O'Reilly Radar 博客有口皆碑。"

——Wired

"O'Reilly 凭借一系列（真希望当初我也想到了）非凡想法建立了数百万美元的业务。"

——Business 2.0

"O'Reilly Conference 是聚集关键思想领袖的绝对典范。"

——CRN

"一本 O'Reilly 的书就代表一个有用、有前途、需要学习的主题。"

——Irish Times

"Tim 是位特立独行的商人，他不光放眼于最长远、最广阔的视野并且切实地按照 Yogi Berra 的建议去做了：'如果你在路上遇到岔路口，走小路（岔路）。'回顾过去 Tim 似乎每一次都选择了小路，而且有几次都是一闪即逝的机会，尽管大路也不错。"

——Linux Journal

译者序

深度神经网络是一种层数更多、规模更大的人工神经网络，较传统神经网络在处理能力上有大幅的提升。2006年，加拿大多伦多大学的教授杰弗里·辛顿（Geoffrey Hinton）在深度信念网络方面进行了卓越的工作，开辟了深度学习这个新的技术领域。目前，深度学习技术已经成为新一代人工智能技术的研究与开发热点，得到了全球的普遍关注，每天都有相关的报道，每年有大量的论文发表，不断刷新着语音识别、图像分类、商品推荐等各应用领域智能处理水平的纪录。与此同时，深度学习模型难以解释、参数调优困难、参数规模大、训练周期长等问题也困扰着研究和开发人员。

如何让深度学习模型设计更加简洁高效，如何处理模型参数调试中遇到的困扰和难题，如何将深度学习快速地应用到具体的业务领域，这些都是深度学习技术研究与开发者需要掌握的内容。本书作为一本聚焦深度学习实际应用的开发指南，很好地解决了这些问题。本书的作者是一位资深的软件工程师，有着丰富的软件开发和调试经验。本书记录了作者从实际工作中总结出来的很多开发技巧，非常适合开发实际应用的深度学习工程师阅读和参考。

本书的第1章从深度学习相关的基本概念开始，介绍了典型的神经网络结构和各种层的设计特点，然后对深度学习中常见的数据集进行了介绍，最后对数据预处理和数据集的划分进行了细致的阐述。第2章是与深度神经网络调试相关的通用技巧，主要涉及如何解决遇到的问题，包括排查错误、检查结果、选择激活函数、正则化和Dropout、设置训练参数等技巧。第3～15章以实际例子，介绍了深度学习在文本处理、图像处理、音乐处理等方面的技巧，涵盖了深度学习主要应用的领域和数据类型，内容非常丰富。最后一章作者从实际使用的角度告诉读者如何在生产系统中部署机器学习应用，使得本书的内容更加贴近实际。

深度学习的技术还处在不断迭代更新的阶段，每天都有新的研究进展发布，新的开发工具开源，以及新的技术挑战出现。本书的内容是当前深度学习设计开发技巧的总结，需要读者在实践中不断尝试，进而提升自己的技术水平，这样才会不断加深对深度学习技术的理解和把握，创造出更加优秀的算法、模型和应用。希望读者朋友在深度学习的实践中不断总结提炼，贡献出更多优秀的图书作品。

每一次翻译工作都是一次难忘的学习之旅，我们非常珍惜这个机会。非常感谢本书的作者和机械工业出版社华章公司的编辑，是他们辛勤的工作为我们创造了难得的机会，让我们能够和广大读者一起走进深度学习的世界，领略新一代人工智能技术的风采。这里还要感谢公司同事和家人的大力支持，他们的鼓励给了我们不断前进的动力。本书翻译过程中，我们努力表达作者的真知灼见，但因水平有限，难免有词不达意的地方和疏漏之处，敬请读者朋友不吝赐教。

译者

2018 年 12 月

译者简介

李君婷 国家电网有限公司信息通信分公司，主要从事电力信息通信运维数据统计分析、项目管理等工作，研究兴趣包括深度学习、数据科学、颠覆性创新等。

闫龙川 国家电网有限公司信息通信分公司，主要从事电力信息通信技术研究工作，研究兴趣包括深度学习、强化学习、云计算、数据中心等。

俞学豪 国家电网有限公司信息通信分公司，主要从事电力信息通信技术研究与管理工作，研究兴趣包括人工智能、云计算、绿色数据中心等。

高德荃 国家电网有限公司信息通信分公司，主要从事电力信息通信技术研究工作，研究兴趣包括数据科学与人工智能、地理空间分析等。

目录

前言

深度学习简史

当前深度学习的热潮，其根源可令人惊讶地追溯到 20 世纪 50 年代。虽然"智能机器"的模糊概念可以进一步追溯到更早期的科幻小说和各类科学设想中，但是到了 20 世纪 50 年代和 60 年代，才真正出现了"人工神经网络"的最初理念，该理念基于有关生物神经元的一个极简模型。在这些模型中，由 Frank Rosenblatt 提出的感知机系统引起了大家的极大兴趣。通过连接到一个简单的"照相机"回路，它可以学会区分不同类型的物体。该系统的第一个版本以软件形式在 IBM 计算机上运行，但是其后续的版本都是用纯硬件来实现的。

对多层感知机（Multilayer Perceptron，MLP）模型的兴趣在 20 世纪 60 年代持续不断。到了 1969 年，Marvin Minksy 和 Seymour Papert 出版了《感知机》（Perceptrons，MIT 出版社）一书，彻底改变了这种形势。这本书证明了线性感知器不能对非线性函数（XOR）的行为进行分类。虽然该证明存在局限性（该书出版时，非线性感知器模型已被提出，作者也注意到了这一问题），但是该书的出版预示着神经网络模型研究基金的急剧减少。直到 20 世纪 80 年代，随着新一代研究人员的逐步崛起，相关研究才得以恢复。

随着计算能力的提高以及反向传播（back-propagation）技术的发展（反向传播技术自 20 世纪 60 年代被提出以来，有很多种不同的形式，但是直到 80 年代才开始普遍应用），人们对神经网络重新产生了兴趣。不仅计算机拥有了训练更大型网络的能力，我们也拥有了有效训练更深层网络的能力。最初的卷

1

积神经网络将这些技术发展与哺乳动物大脑的视觉识别模型结合起来，首次产生了能够有效地识别诸如手写数字和人脸等复杂图像的网络。卷积网络通过将相同的"子网络"应用到图像的不同位置并将这些结果聚合到更高级的特征中来实现这一点。在本书第 12 章中，我们会详细介绍这方面的内容。

20 世纪 90 年代和 21 世纪 00 年代初期，随着支持向量机（SVM）和决策树等更"易于理解"的模型变得流行，人们对神经网络的兴趣再次出现了下降。对于当时许多数据源来说，SVM 被证明是非常优秀的分类器，特别是在与人工特征相结合时更是如此。在计算机视觉中，"特征工程"开始变得流行起来。该技术涉及为图片中的小元素构建特征检测器，并人工将其组合成能够识别更复杂形态的模型。后来科研人员发现，深度学习网络也能够学会识别类似的特征，并能够学会以非常相似的方式组合这些特征。在第 12 章中，我们将会探讨这些网络的内部工作机制，并对深度学习网络所学的内容进行可视化。

21 世纪 00 年代后期，随着图形处理单元（GPU）通用编程的出现，神经网络架构在竞争中取得了长足的进步。GPU 包含数千个微处理器，它们可以每秒并行执行数万亿次操作。GPU 最初是为计算机游戏开发的，主要目的是实现复杂 3D 场景实时渲染，事实证明，GPU 也能够用于并行训练神经网络，可以实现 10 倍或更高倍数的计算速度提升。

另外一件促使深度学习领域长足进步的事情，是互联网的发展为其提供了大量可用的训练数据。以往研究人员只能使用数千幅图像训练分类器，现在已经可以提供几千万甚至数以亿计的图像了。结合更大型的网络，神经网络技术现在迎来了绽放光芒的机会。这种优势仅在最近几年才开始持续出现，伴随着技术改进与现实应用，神经网络技术逐步应用到了图像识别之外的很多领域，包括机器翻译、语音识别和图像合成。

为什么是现在

计算能力和改进技术的爆发式发展，使人们对于神经网络的兴趣逐步增加，同时我们也看到了神经网络技术在可用性上取得了巨大的进步。特别是像 TensorFlow、Theano 和 Torch 这样的深层学习框架使得非专业人士也能够构建出复杂的神经网络来解决自己的机器学习问题。这使得以往需要数月甚至数年手动编码和辛勤付出（编写高效的 GPU 内核真的十分困难！）的任务，转变成为任何一个人都可以在一下午（或者几天内）完成的任务。可用性的提升极大地增加了有能力开展深度学习问题研究的人员数量。正如本书在后续章节中将展示的那样，具有更高抽象级别的框架，比如 Keras，使得任何具有 Python 和相关工具知识的人都能够开展一些有趣的实验。

回答"为什么是现在"这个问题的第二个要素是，每个人都可以使用大型的数据集。是的，Facebook 和 Google 在访问数十亿图片、用户评论方面仍占据优势，但是你也可以通过各种数据源获得包含数百万条目的数据集。在第 1 章中，我们将会探讨各种可选的数据源，并且纵览全书，每章的示例代码通常都会在各章开头向你展示如何获得所需的训练数据。

与此同时，私营公司也开始生产和收集更大数量级的数据，这使得整个深度学习领域在商业上忽然变得越来越令人着迷。一个能辨别猫和狗的模型已经非常不错了，然而一个能够在使用所有历史销售数据的基础上将销售额提升 15% 的模型，对于一个公司来说则可能意味着生死存亡。

你需要知道什么

如今，对于深度学习来说，有很多平台、技术和编程语言可供选择。在本书中，所有的例子都是用 Python 编写的，并且大部分代码的实现都依赖于优秀的 Keras 框架。本书的示例代码可以在 GitHub 上的 Python notebook 中找到，每章的代码存放在一个 notebook 中。因此，对读者来说，具备以下知识技能将有助于阅读本书：

Python
> Python 3 是首选版本，你也可以使用 Python 2.7。我们会用到各类 helper 库，你可使用 pip 轻松安装它们。本书涉及的代码大都比较简单易懂，所以即使是一名新手也可以跟着本书进行实践。

Keras
> 机器学习的繁重工作几乎全部是由 Keras 完成的。Keras 是对 TensorFlow 或 Theano 深度学习框架的抽象封装。Keras 能够轻松地使用可读的方式

定义神经网络。本书中所有代码均在 TensorFlow 框架下完成了测试，但也适用于 Theano 框架。

NumPy、SciPy、scikit-learn

在很多技巧中用到了这些很有用且广泛使用的代码库。大多数情况下，从上下文中应该能弄清楚其功能，但是对它们进行快速浏览也不会耽误阅读。

Jupyter notebook

notebook 是一种很好的共享代码的方式，它允许在浏览器中将代码、代码的输出和注释混合在一起显示出来。

每章都包括了对应的 notebook，其中包括了工作代码。本书中代码省略了如导入一类的细节，因此，最好的方法是从 Git 上下载代码，启动本地的 notebook。首先，检查代码并进入新的目录：

```
git clone https://github.com/DOsinga/deep_learning_cookbook.git
cd deep_learning_cookbook
```

然后，设置项目的虚拟环境：

```
python3 -m venv venv3
source venv3/bin/activate
```

安装依赖程序包：

```
pip install -r requirements.txt
```

如果你有 GPU 并想使用它们，你需要卸载 tensorflow，安装 tensorflow-gpu，使用 pip 可以很容易地做到这一点：

```
pip uninstall tensorflow
pip install tensorflow-gpu
```

你还需要兼容 GPU 的函数库，这可能有点麻烦。

最后，启动 IPython notebook 服务器：

```
jupyter notebook
```

如果一切顺利，这将自动打开一个带有 notebook 概况的浏览器，每章一个。你可以任意修改代码，如果你要回到原来的基线，可以使用 Git 很容易地撤销所做的任何修改：

```
git checkout <notebook_to_reset>.ipynb
```

每章的第 1 节列出相关的 notebook，由于已经按照章节顺序对 notebook 进行了编号，所以一般来说你很容易找到它们。在 notebook 文件夹，你还会发现其他 3 个目录：

Data

  包含 notebook 所需的数据——大多数是开放数据集的例子或者那些太烦琐而无法自己生成的东西。

Generated

  用于存储中间数据。

Zoo

  包含与每章对应的子目录，每个子目录中是该章保存的模型。如果你没有时间实际训练模型，可以从这里载入这些模型直接运行。

本书如何组织

第 1 章详细介绍了神经网络如何工作，从哪里获取数据，以及如何进行数据预处理以便于使用。第 2 章讨论面临的困境以及如何处理。众所周知，神经网络很难调试，而本章介绍一些如何让它们表现良好的诀窍，在阅读本书其余部分面向项目的技巧时将会派上用场。如果你没有耐心读完，你可以跳过这一章，等你陷入困境时再回来阅读。

第 3~15 章围绕各种媒体类型展开介绍，先是从文本处理开始，然后是图像处理，最后第 15 章是音乐处理。每章将一个项目分解为几个不同的技巧。通常，每章从数据获取技巧开始，接着是几个帮助你完成本章目标的技巧和一个数据可视化的技巧。

第 16 章介绍在实际生产系统中使用模型。在 notebook 上做实验很棒，但最终我们想和实际用户分享我们的结果，让模型在真实的服务器或移动设备上运行。这一章将完成这些内容。

本书的一些约定

下面是本书在印刷方面的一些约定。

斜体字

　　表示 URL、电子邮件地址、文件名和文件扩展名。

等宽字体

　　用于程序列表，以及在段落内的程序元素，如变量或函数名、数据库、数据类型、环境变量、语句和关键字。

斜体等宽字体

　　表示一些可被用户指定值替换的或者根据上下文而确定的文本。

 表示提示或建议。

 表示一般性的注释。

本书代码

本书的每章都带有一个或多个 Python notebook，其中包含了本章提到的示例代码。你可以在不运行代码的情况下阅读这些章节，但是在你阅读时运行这些代码会更加有趣。这些代码可以在 *https://github.com/DOsinga/deep_learning_cookbook* 中找到。

在 shell 中执行下面的命令，可以获得并执行技巧中的示例代码：

```
git clone https://github.com/DOsinga/deep_learning_cookbook.git
cd deep_learning_cookbook
python3 -m venv venv3
source venv3/bin/activate
pip install -r requirements.txt
jupyter notebook
```

本书是为了帮助你完成工作。所有 notebook 中附带代码获得了 Apache License 2.0 授权许可。

我们欢迎但不要求引用本书。引用信息通常包括标题、作者、出版商和 ISBN 号码。例如"Deep Learning Cookbook by Douwe Osinga (O'Reilly). Copyright 2018 Douwe Osinga, 978-1-491-99584-6"。

第 1 章

工具与技术

本章我们看一看深度学习常用的工具和技术。通过阅读本章,你可以大致了解什么是深度神经网络,需要的时候也可以再回来翻阅。

我们首先从本书中讨论的各类神经网络的整体情况入手。后面的章节集中精力在如何完成具体工作上,仅会简要讨论如何构建深度神经网络。

然后我们讨论从哪里获得数据。像 Facebook、Google 这样的科技巨头可以获得海量的数据进行深度学习研究,但是我们也有足够的数据来源做感兴趣的东西。本书各技巧中所用的数据来源广泛。

接下来是数据预处理。这是一个经常被忽略的重要领域。即使你拥有正确的网络配置和完美的数据,仍需要以最好的方式将你的数据送给网络。你要使网络尽可能容易地学习到需要学的东西,而不被数据中其他不相关的东西干扰。

1.1 神经网络的类型

在本书中,我们将研究网络和模型。网络是神经网络的简写,指的是一组堆叠互连的层。你在一侧输入数据,经过转换的数据在另一侧输出。每层对数据流进行数学操作,每层拥有一组可以被修改的变量,这些变量决定了每层的具体行为。这里的数据指的是张量,也就是一个多维向量(维度通常是 2 或 3)。

全面讨论不同类型的层和这些操作背后的数学知识超出了本书的范围。最简单的层是全连接层，它将输入作为矩阵，与另外一个称为权重的矩阵相乘，并与第三个称为偏置的矩阵相加。每层的后面是一个激活函数，该函数将这一层的输出映射为下一层的输入。例如，一个简单的激活函数是 ReLU，该函数对所有正数的输出保持不变，对负数的输出设置为 0。

从技术上来讲，网络一词指的是结构，是不同层互相连接的方式，而模型指的是网络加上决定运行行为的全部变量。训练一个模型就是改变这些变量，使预测的输出更加符合预期。实际上，这两个词经常互换使用。

在实际中，"深度学习"和"神经网络"包含了种类繁多的模型。大多数网络会共享相同的元素（例如，几乎所有的分类网络会使用一种特定的损失函数）。尽管模型的空间各不相同，但我们可以把大多数模型分为几个大的类别。一些模型会使用来自多个类型的片段。例如，很多图像分类网络有一个全连接部分"顶部"来执行最终的分类。

1.1.1 全连接网络

全连接网络是要研究的第一种网络，直到 20 世纪 80 年代，它在研究兴趣中一直占主导地位。全连接网络的每个输出单元都是输入的加权和。"全连接"一词是由神经网络每个输出都与输入相连接这个特性而来的。可以写成下面的公式：

$$y_i = \sum_j W_{ij} x_j$$

为简化表示，很多论文使用矩阵符号表示全连接网络。这里，我们用一个权重矩阵 W 与输入向量相乘得到输出向量：

$$y = Wx$$

因为矩阵相乘是一个线性操作，只包含矩阵乘法的神经网络将只能做线性映射学习。为了增强网络表现力，我们在矩阵乘法的后面加上一个非线性的激活函数。这个函数可以是任何可微的函数，但是常用的函数只有几个。直到最近，双曲正切函数 tanh 一直是常用的激活函数，仍可以在一些模型中看到它。

$$\tanh(x) = \frac{e^x - e^{-x}}{e^x + e^{-x}}$$

使用 tanh 函数的难点在于该函数在远离零点的区域非常平坦。这导致梯度很小，意味着网络需要很长时间才能改变行为。近来，其他一些激活函数流行起来。最常用的激活函数是修正线性单元函数 ReLU：

$$\text{relu}(x) = \begin{cases} 0 & (x<0) \\ x & (x \geqslant 0) \end{cases}$$

最后，很多神经网络在最后一层使用 sigmoid 激活函数，该函数的输出总是处在 0 和 1 之间。可以将该输出视为概率值：

$$\text{sigmoid}(x) = \frac{1}{1 + e^{-x}}$$

矩阵乘法和后面的激活函数一起构成了神经网络的一层。尽管全连接网络的层数比较少，但在一些网络中全部网络层数仍达到了 100 多层。如果我们正在解决一个分类问题（如"图片中的猫是哪种类型？"），那么网络的最后一层就是分类层。该层的输出数量与我们需要分类的数量相同。

处在网络中间的层称为隐层，隐层的输出有时称为隐单元。"隐层"一词来自于这样一个事实，即从模型外部看不到这些单元。这些层输出的数量取决于模型本身：

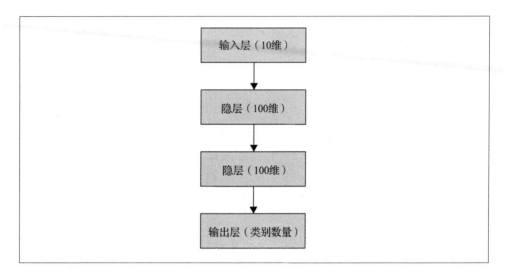

尽管有一些如何选择隐层数量和大小的经验法则，但是除了试验和排错外，还没有通用的原则来选择最佳的设置。

1.1.2 卷积网络

早期研究尽力尝试使用全连接网络解决各类问题。但是，当我们的输入是图像时，全连接网络则不是一个好的选择。图像非常巨大：一幅 256×256（图像分类中常用的分辨率）像素的图像拥有 $256 \times 256 \times 3$ 输入（每个像素 3 个颜色）。如果模型有一个包含 1000 个隐藏单元的隐藏层，该层将有 2 亿个参数（可学习的变量）！图像模型需要好几层去实现较好的分类效果，如果我们仅使用全连接层实现，参数将会达到几十亿个。

如此多的参数，模型会不可避免地出现过拟合（下一章将详细介绍过拟合，过拟合指的是网络无法泛化，仅记住了输出结果）。CNN（卷积神经网络）为我们提供了使用很少的参数来训练超过人类识别水平的图像分类器的方法。它们通过模仿动物和人类的视觉原理来实现这一点：

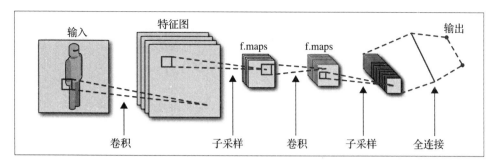

卷积是 CNN 的基础性操作。卷积不是将函数应用在整个图像上，而是一次扫描图像的一个小窗口。在每个位置上，卷积应用一个核函数（与全连接网络类似，通常是矩阵相乘之后加一个激活函数）。单个核函数通常被视为滤波器。整个图像应用核函数的结果是一个新的、更小的图像。例如，常用的滤波器形状是（3，3）。如果在输入图像上应用 32 个滤波器，我们需要 $3 \times 3 \times$（输入的颜色）$\times 32 = 864$ 个参数，相对于全连接网络这是一种巨大的节约。

1. 子采样

卷积操作减少了参数数量，但我们现在遇到了不同的问题：每层神经网络每次只能"看到"图像 3×3 的部分。如果是这种情况，我们如何识别占据整幅图像的对象呢？

为了处理这种情况，图像通过神经网络时，典型的卷积网络使用子采样来减少图像的尺寸。子采样有两个常用的机制：

跨步卷积

在跨步卷积，当在图像上滑动卷积滤波器时，我们简单地跳过 1 个或几个像素。操作得到的结果是尺寸更小的图像。例如，如果输入图像是 256×256，跳过 1 个像素，得到的输出图像将是 128×128（为简单起见，我们忽略图像边缘的填充问题）。这种跨步卷积下采样在生成网络中经常使用（详见 1.1.4 节）。

池化

很多神经网络在卷积过程中不是跳过一些像素，而是使用池化层缩小输入。池化层实际上是另外一种卷积，不是将输入与矩阵相乘，而是应用一个池化操作。典型的池化操作使用最大值或平均值操作符。最大值池化操作在扫描区域之中从每个通道（颜色）选取最大值。平均值池化操作使用平均值代替整个扫描的区域（这可以看作输入图像的简单模糊化）。

另一种思维方式是将子采样作为提高网络功能抽象水平的一种方法。在最低层上，卷积检测小的、局部的特征。很多特征的抽象层次并不是非常深。随着每个池化操作，我们提高了抽象水平。特征的数量减少了，但是特征的抽象层次的深度增加了。直到我们得到少量几个包含可用于预测的高层次抽象的特征，这个过程才结束。

2. 预测

将多个卷积层和池化层连接在一起之后，CNN 在网络的顶部使用一个或两个全连接层来输出预测结果。

1.1.3 循环网络

循环神经网络（RNN）与 CNN 在概念上相似，但在结构上却非常不同。循环神经网络常用于处理序列输入。这类输入在处理文本或语音时经常碰到。序列问题一次处理问题的一部分，而不是完整处理单个示例（就像用 CNN 处理图像一样）。例如，考虑建立一个神经网络为我们写莎士比亚的剧本。输入自然就是莎士比亚自己写的剧本：

```
Lear. Attend the lords of France and Burgundy, Gloucester.
Glou. I shall, my liege.
```

我们希望神经网络学习预测该剧本的下一个单词。为实现这个功能，神经网络需要"记住"到目前为止它所看到过的东西。循环网络提供了这样一种机制。这允许我们建立一个能够处理不同输入长度的模型（例如句子或语音片段）。最基本的 RNN 结构形式如下：

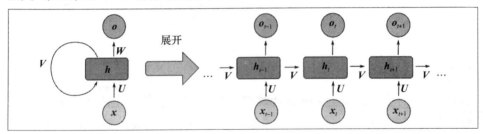

从概念上讲，你可以认为 RNN 是一个被我们"展开"了的非常深的全连接网络。在这个概念模型之中，每层神经网络有 2 个输入，而不是我们过去常用的 1 个输入：

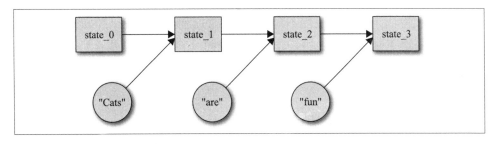

回想一下，在原来的全连接网络中，我们有一个矩阵乘法运算：

$$y=Wx$$

在该操作中增加第二个输入最简单的方法就是将它与隐状态相连接：

$$hidden_i=W\{hidden_{i-1}|x\}$$

这里"|"表示连接。正如全连接网络一样，我们可以在矩阵乘法输出上使用激活函数，以获得新的状态：

$$hidden_i=f(W\{hidden_{i-1}|x\})$$

有了 RNN 的说明，我们可以很容易理解如何训练 RNN：简单地将 RNN 作为未展开的全连接网络，并照常训练它。在文献中这称为基于时间的反向传播算法（BPTT）。如果我们的输入太长，通常需要将它们分割为较小尺寸的片段，并独立训练每个片段。然而，这种技术并不是对每个问题都奏效，只是比较稳妥和常用。

梯度消失和 LSTM

很可惜的是，朴素 RNN 对长输入序列的效果比我们预期的差很多。这主要是因为它的结构更容易遇到"梯度消失问题"，造成梯度消失的主要原因是未展开的网络非常深。每次通过激活函数，都有一定概率导致较小的梯度通过（例如 ReLU 激活函数在输入小于 0 时，梯度等于 0）。一旦某个单元出现这种情况，训练就无法通过此单元传递到网络。这导致训练信号不断下降。观察到的结果是学习极其缓慢或整个网络不再继续学习。

为解决此问题，研究人员开发了构建 RNN 的替代机制。在时间维度展开状态的基本模型得到了保留，我们不再使用简单的矩阵乘法以及后面的激活函数，而是使用一个更复杂的方式进行状态前向传播（下图来自维基百科）：

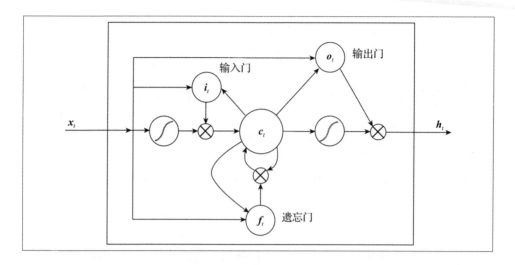

长短期记忆网络（LSTM）使用四个矩阵乘法替换一个矩阵乘法，并引入了可以与向量相乘的门的概念。其关键是始终有一条从最终预测结果到任何层的路径，该路径可以保留梯度，这使得 LSTM 比普通的 RNN 能更加有效地学习。

阐述 LSTM 如何完成任务的详细过程超出了本章的范围，但是互联网上有几个不错的手册可供参考（*http://colah.github.io/posts/2015-08-Understanding-LSTMs/*）。

1.1.4 对抗网络与自动编码器

与我们上面讨论的网络类似，对抗网络和自动编码器没有引入新的网络结构。相反，它们使用更加适合特定问题的结构。例如，处理图像的对抗网络或自动编码器会使用卷积。不同的地方在于如何训练它们。最常用的网络训练方法是从输入（一个图像）预测输出（是否是一只猫）：

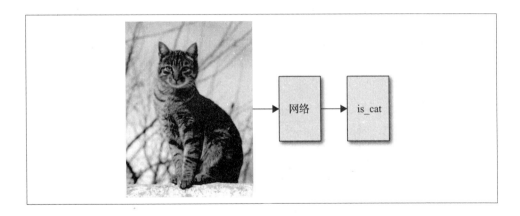

训练后的自动编码器输出提供的图像：

我们为什么要这样做呢？如果神经网络中间的隐层包含输入图像的一个表示，这个表示包含了明显比输入图像少的信息，通过这个表示可以重构原始图像，这就产生一种压缩形式：我们可以使用神经网络中间层的一些值表示任何图像。从另外一个角度思考就是，对于原始图像，我们使用神经网络将它映射到抽象空间。该空间的每个点可以被转换回这个图像。

自动编码器已经成功应用在小图像上，但是其训练机制不能很好地扩展到更大的问题上。实际上，这个用于图像绘制的空间并不是足够"密集"，很多点事实上并没有表示相关的图像。

我们将在第 13 章看到一个自动编码器的例子。

对抗网络是更新一点的模型，可以用来生成逼真的图像。对抗网络把问题分为两部分进行处理：生成网络和判别网络。生成网络输入一个小的随机种子，产生一个图像（或文本）。判别网络尝试去判断输入的图像是否是"真的"或者是否是来自于生成网络。

当我们训练对抗模型时，两个网络同时训练：

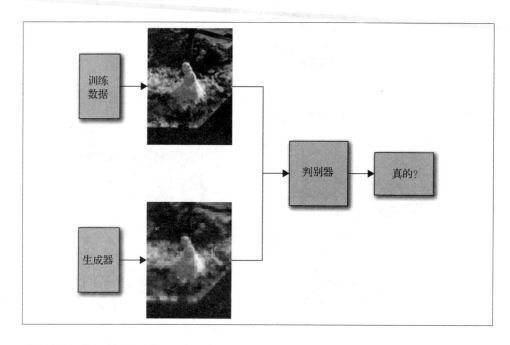

我们从生成网络中采集一些图像送到判别网络。如果生成网络产生的图像可以欺骗判别网络，生成网络就会受到奖励。判别网络也不得不正确地识别真实的图像（它不能总说图像是假的）。通过两个网络的互相竞争，会产生一个可以生成高质量自然图像的生成网络。第14章介绍如何使用生成式对抗网络来产生图标。

1.1.5 小结

目前有很多构建神经网络的方法，选择哪种方法主要取决于网络的用途。在研究领域设计一个新型网络十分困难，即使重新实现一种论文中描述的网络也十分困难。实际工作之中，最简单的方法就是在你所要工作的方向上选择一个已实现某些功能的例子，一步一步地修改它，直到它按你的期望工作。

1.2 数据获取

近几年来，深度学习能够飞速发展的原因之一就是数据的可用性大幅增加。20 年前人们使用几千幅图像训练神经网络，现在像 Facebook 和 Google 这样的公司可以使用几十亿幅图像。

可以从用户处获取所有的信息是这些公司以及其他互联网巨头在深度学习领域的天然优势。然而，互联网上有很多易于获得的数据源，花费少量的精力即可满足诸多训练的需要。本节将讨论这些重要的数据源。对于每个数据源，我们将看看如何获取这些数据，有哪些流行的库可以帮助我们解析数据，以及典型的用例，同时还会为你提供这些数据源的使用方法。

1.2.1 维基百科

维基百科不仅有 500 多万篇英文文章，还支持上百种语言（*https://en.wikipedia.org/wiki/List_of_Widipedias*），尽管它们在深度和质量上有着很大的差异。维基百科的基本的思想仅仅是支持链接作为结构编码的一种方式，但是随着时间的推移，维基百科已经超越了这一点。

类目页链接到某一属性或主题页，因为这些页面又链接到类目页，这样我们可以有效地使用这些标签。类目可以非常简单，如"猫"，但是有时将信息编码到它们的名字之中，可以有效地将（键，值）对赋给一个页面，如"1758 年记录的哺乳动物"。与维基百科上其他类目非常类似，这个类目的结构也非常特别。此外，递归类别只能沿着树进行追溯。

模板最初设计为维基百科标记的片段，其目的是要自动复制（"嵌入"）到一个页面中。你可以通过在 {{ 双括号 }} 中放置模板名来添加它们。这使得不同页面的布局可以保持同步。例如，所有城市页面都有一个信息框，其属性如人口、位置和标志在页面上始终一致地呈现。

模板拥有一些参数（如人口），这些参数被视为将结构信息嵌入维基百科页面的一种方法。在第 4 章，我们将用模板提取一个电影集合，用它们来训练电影推荐系统。

1.2.2 维基数据

维基数据（*https://www.wikidata.org/*）是维基百科的结构化数据部分。相对于维基百科，维基数据知名度低一些，并且还不够完整，但其雄心勃勃。它计划在公开授权下为每个人提供常规数据源。这使它成为一个优秀的免费数据源。

所有的维基数据以（主语，谓语，宾语）三元组的形式存储。维基数据所有主语和谓语有自己的记录，它们列出该主语上所有的谓语。宾语可以是维基数据的记录或文字，如字符串、数字或日期。这个结构受到语义网络的早期想法的启发。

维基数据有自己的查询语言，该语言与 SQL 类似，并进行了扩展。例如：

```
SELECT ?item ?item Label ?pic
WHERE
{
        ?item wdt:P31 wd:Q146 .
        OPTIONAL {
               ?item wdt:P18 ?pic
        }
        SERVICE wikibase:label {
          bd:service Param wikibase:language "[AUTO_LANGUAGE],en"
        }
}
```

该查询将选择一系列猫和它们的照片。变量以问号开头。`wdt:P31`（或属性31）是"一个实例"的意思，`wd:Q146` 是家猫的一个类型。因此，第 4 行在项中存储猫的一个实例。`OPTIONAL{..}` 语句尝试查找上述项对应的图片，最后一行尝试使用自动语言特性为上述项查找标签，如果失败，则使用英语。

在第 10 章，我们将维基数据和维基百科结合起来获取标准的类别图像，作为反向图像搜索引擎的基础。

1.2.3 开放街区地图

开放街区地图（OSM，*https://www.openstreetmap.org/*）与维基百科相似，但内容是关于地图的。维基百科的思想是如果世界上每个人将自己知道的每件事都放在维基百科上，我们就有可能得到最好的百科全书。开放街区地图也是基于这样的思想，如果每个人将自己知道的道路信息放到维基上，我们就有可能得到做好的地图系统。

很显然，这两个思想都表现得非常好。

尽管 OSM 的覆盖面参差不齐，从几乎没有覆盖的区域到覆盖度可以比拟甚至超过 Google 地图的地方都在包含范围之内，数据的绝对数量以及免费提供的事实仍使它成为所有与地理相关的项目的巨大资源。

OSM 的二进制格式文件和较大 XML 格式文件可以自由下载。整个世界文件有几十 GB，但是如果我们想使用小一些的文件，互联网上有很多按国家或区域导出的文件。

二进制格式文件和 XML 格式文件有着相同的结构：地图由一系列带着经度和纬度信息的节点以及道路构成，这些道路结合前面已经定义好的节点形成了更大的结构。最后，这些关系结合了更多的前面看到的东西（节点、道路或关系）构成了超级结构。

节点用来表示地图上的点，包括一些独立的特征以及道路的形状。道路用来表示简单的形状，如建筑物和道路区段。最后，用关系来表示包含多个形状的或更大的事物，如海岸线或边界线。

本书的最后，我们将研究一个模型，该模型输入卫星图像和渲染后的地图，尝试学习自动识别道路。这个技巧所使用的实际数据并不局限于 OSM，但这属于 OSM 应用于深度学习的范围。例如，"图像到 OSM"项目（*https://github.com/jremillard/images-to-osm*）告诉我们怎样训练一个从卫星图像中提取体育场形状的神经网络来改进 OSM。

1.2.4 Twitter

作为一个社交网络，Twitter 很难与规模更大的 Facebook 进行竞争，但是就深度学习的文本来源来说，Twitter 则是一个更好的选择。Twitter 的 API 非常完善，允许各种应用程序使用。然而，对于刚起步的机器学习迷来说，流式

API 可能是最有趣的一个。

Twitter 提供的所谓 Firehose API 直接将推文以流的形式送给客户端。正如所想象的那样，这是一个非常庞大的数据。除此之外，Twitter 为此收取高额的费用。鲜为人知的是，Twitter 免费 API 提供了一个采样版的 Firehose API。这个 API 仅返回全部推文的 1%，但这对于很多文本处理应用来说已经足够了。

推文的大小有限，但附带了一些有趣的元信息，例如作者、时间戳、位置信息标签、图像和 URL 地址。在第 7 章，我们会介绍如何使用这个 API 基于一小部分文本建立一个预测感情符号的分类器。我们开发流 API，仅保留只包含一个感情符号的推文。耗费几个小时就可以得到一个完整的训练数据集，但是如果你的计算机有稳定的互联网连接，让它执行几天也没什么问题。

Twitter 是情感分析实验中常见的数据源，针对语言检测、位置消歧和命名实体识别的模型都成功地在 Twitter 数据上进行了训练，预测表情符号则无疑是这些模型的一种演进。

1.2.5 古腾堡计划

早在 Google 图书项目很久之前，事实上早在 Google 甚至互联网出现之前，追溯到 1971 年，古腾堡计划就启动了将所有书籍都数字化的计划。这个计划包含 5000 多部书籍，不仅有小说、诗、短片故事和戏剧，还有食谱、著作和期刊。大多数文本属于公开领域，可以在网站上自由下载。

这里有大量格式便捷的文本，如果你不介意其中大多数文本有些老的话（因为他们不再享有版权），这里就是很好的文本处理实验数据源。在本书第 5 章，我们使用古腾堡计划获得莎士比亚作品集的一个副本，作为生成类似莎士比亚文本的基础。如果你有 Python 库，它只需要一行代码：

```
shakespeare = strip_headers(load_etext(100))
```

尽管也有少量其他语言的书籍，古腾堡计划得到的大多数资料都是英文的。该项目开始主要是纯 ASCII 格式，但是随着不断的发展现已支持很多字符编码方式，因此如果下载非英语文本，你需要确保正确的编码方式——然而并不是世界上所有文本都是 UTF-8 编码。在第 8 章，我们从一些古腾堡计划的书籍中提取所有对话，然后训练聊天机器人模仿那些对话。

1.2.6 Flickr

Flickr（*https://www.flickr.com*）是一个图片分享网站，它从 2004 年开始运营。它最初是一个名为"游戏永不结束"的大型多人在线游戏的一个辅助项目。当这个游戏无法成为一门生意时，公司的创始人意识到公司的照片共享部分正在飞速发展，因此他们执行了所谓的核心转换，完全改变了公司的主要业务焦点。

一年后，Flickr 卖给了雅虎。

在众多的照片分享网站中，Flickr 成为一个深度学习实验图像的有效来源，有以下几个原因。

一是 Flickr 已经运营了很长时间，已经有上亿张的图像。尽管这与人们在 Facebook 上每个月上传的图像数量相比，会显得有些苍白，但是因为将图像传到 Flickr 的用户会对公开使用感到非常骄傲，Flickr 的图像平均水平是高质量的，而且更加有趣。

第二个原因就是许可。Flickr 上的用户为自己照片选择了许可证，许多人选择某种形式的创作共享许可（*https://creativecommons.org/*），允许在没有请求许可的情况下重复使用这些照片。虽然如果你通过最新最棒的算法来运行一组照片，并且只对最终结果感兴趣，那你通常不需要这个，但是如果你的项目最终需要重新发布原始或修改的图像，这一点就是非常重要的了。Flickr 使这一点成为可能。

相对于其他竞争者，最后一个也可能是最重要的原因，就是 Flickr 的 API。和 Twitter API 类似，它是一个考虑周详的、REST 风格的 API，这使得你可以在网站上自动地执行你想要的操作。像 Twitter 一样，Flickr 的 API 与 Python 进行了很好的绑定，这使得开展实验非常容易。你所需要的就是正确的函数库和 Flickr API 密钥。

本书中涉及 API 的主要功能是搜索和获取图像。这个搜索模仿了一些主流网站大多数的搜索选项，功能非常丰富，尽管很不幸缺少一些高级的过滤器。这里可以获取各种尺寸的图像。从小尺寸图像快速地开始，后续再扩大图像尺寸，通常是一个有效的方法。

第 9 章，我们使用 Flickr API 函数获取两个图像集合，一个是狗的图像，一个是猫的图像，并且训练一个分类器来学习它们之间的差异。

1.2.7 互联网档案馆网站

互联网档案馆网站（Internet Archive，*https://archie.rog/*）的使命是提供"所有知识的普遍性获取"。该项目因它的互联网时光机而出名，这是一个允许用户查看过去 Web 页面的 Web 接口。互联网时光机包含了 3000 亿条追溯到 2001 年抓取的信息，该项目中调用了三维 Web 索引。

但是互联网档案馆网站远比互联网时光机大得多，其中包括了杂七杂八的文档、媒体，以及范围从过了版权期的书籍，到 NASA 的图像，再到艺术领域音频 CD 和视频资料的包罗万象的数据集。

这些东西都非常值得浏览，也经常激励新项目加入其中。

一个有趣的例子是一组直到 2015 年的所有的 Reddit 新闻网站评论，有超过 5000 万个条目。这件事情是这样作为项目开始的：一个 Reddit 新闻网站的用户非常有耐心地使用 Reddit API 下载所有评论，然后说明这些信息源自 Reddit。当遇到在何处存储这些评论的问题时，互联网档案馆网站成了一个不错的选择（尽管同样的数据可以通过 Google Big Query 以更加即时分析的方式找到）。

本书中使用的是一个关于 Stack Exchange 网站（*https://archive.org/details/stackexchange.*）上问题的例子。Stack Exchange 网站已经进行了长期创意共享许可授权，所以没有什么会妨碍我们自己下载这些数据集，但是通过互联网档案馆网站来获取这些数据会更加容易。在本书中，我们使用这个数据集训练一个匹配问题和答案的模型（详见第 6 章）。

1.2.8 爬虫

如果你的项目需要特定信息，但你所访问的数据可能无法通过公共 API 访问。即使有公共 API，也可能因为限速而变得无法使用。你最喜欢的体育项目的历史数据很难得到。你本地的新闻报纸有在线文档，但是没有 API 或无法导出数据。Instagram 拥有很好的 API，但是最近该服务的变化导致获取大规模的训练数据集变得非常困难。

在这些情况下，你可以选择抓取，或者如果你想听起来更体面，就叫爬虫。最简单的情景就是你希望在本地复制一个网站，可你没有网站结构或 URL 结构的先验知识。在这种情况下，你仅需要从网站的根目录开始，读取网页的内容，从网页中提取出所有的链接，在所有链接上执行同样的操作，直到不再发现新的链接为止。Google 在更大的范围上也是这样做的。Scrapy (*https://scrapy.org*) 是一个处理此类工作非常有用的框架。

有时候网站有着明显的结构，例如一个旅游网站有国家、地区、这些地区中的城市，最后还有城市中的景点。这时，写一个具体的 scraper 更加有效，这个 scraper 不断地工作直到遍历完该结构的所有层，得到所有景点。

其他时候可以利用内部 API。很多基于内容的网站会首先载入全部布局，然后使用 JSON 调用网页服务器来获得实际数据，插入到模板之中。这种情况支持无限的抓取和搜索。就像传递给服务器的参数一样，从服务器返回的 JSON 通常很容易理解。Chrome 扩展请求程序（*http://bit.ly/request-maker*）会显示页面发出的所有请求，这是一个查看是否有任何有用的东西出现的好方法。

然而，很多网站并不希望被抓取。Google 本来就是一个通过抓取建立的帝国，但是它的很多服务会明确地检测抓取信号，阻止你或从你的 IP 地址发出请求的任何人，直到你完成验证。你可以使用速率限制和用户代理，但在某些时候可能不得不求助于使用浏览器进行抓取。

Web Driver 是一个通过调用浏览器进行网站测试的框架，在这些情况下会非常有用。网页的获取是通过选择的浏览器实现的，因此对于网页服务器来说更像一个真实的访问。你可以使用控制脚本来"点击"链接，监测执行结果。

考虑将爬虫代码进行一些延时，使它像人一样浏览网站，你就可以很好地进行下去。

第 10 章的代码使用爬虫技术从维基百科中获取图像。一般情况下，有一个从维基百科 ID 到相应图像的 URL 方案，但它并不总能正常工作。这时我们可以获取包含图像的页面，并按照链接查找图，直到得到实际图像。

1.2.9 其他选择

有很多获取数据的方法。Programmable Web（*http://www.programmableweb.com*）列出了 18000 多个公共 API（尽管一些已经失效）。有三个值得关注的方面：

Common Crawl

如果网站不是很大的话，爬一个网站是可行的。但是假如你想爬一遍互联网的所有主要页面呢？ Common Crawl（*http://commoncrawl.rog/*）执行月度爬虫，每次以一种非常容易处理的格式获取 20 亿个页面。AWS 将它作为一个公共数据集，因此你可以在这个平台执行，一般情况下非常容易以这种方式大规模地执行作业。

Facebook

经过多年的发展，Facebook 的 API 已经渐渐地从一个实实在在构建基于 Facebook 数据的应用程序的有用资源，发展为一个构建让 Facebook 数据更好用的应用程序的资源。尽管从 Facebook 的角度来看可以理解，但作为数据探索者会经常为其仍能公开的数据感到好奇。不过，尤其是在 OSM 编辑过于不均匀的情况下，Facebook API 仍是一个有用的资源。

美国政府

美国政府的各级部门都公布了大量的数据，这些数据都可以免费访问。例如，人口普查数据（*https://www.census.gov*）拥有详细的美国人口信息，Data.gov（*https://www.data.gov/*）网站门户上列出了各方面不同的数据集。最重要的是，各州和城市都有一些值得一看的资源。

1.3 数据预处理

深度神经网络非常善于发现数据中的模式，这有助于学习预测数据的标签。这也意味着我们需要小心处理传递给神经网络的数据，数据中任何与我们问题不相关的模式可能会使神经网络学习到错误的东西。通过正确的数据预处理，我们可以使神经网络训练更加容易。

1.3.1 获得一个平衡的测试数据集

有这样一个真实性存疑的故事，讲述了美国陆军曾经如何训练神经网络来区分伪装的坦克和真实的森林，这是自动分析卫星数据时很有用的技巧。乍一看，他们做的一切都是对的。有一天，他们驾驶一架飞机飞过一片森林，里面藏有伪装的坦克，然后拍了照片，而另一天，他们按照同样的方法又照了照片，但是这次没有伪装的坦克，拍摄过程中确保两个场景相似但是不尽然相同。他们把数据分成训练集和测试集，让网络进行训练。

网络训练好之后，刚开始得到了一些不错的结果。但当研究人员将它送到野外进行测试时，人们认为该网络简直是一个笑话。预测结果似乎非常随机。经过一阵详查，结果发现是输入数据存在问题。包含坦克的照片都在晴朗的一天拍摄，而只有森林的照片都在阴天拍摄。因此，当研究人员认为他们的神经网络学习到了如何区分有没有坦克时，其实他们训练了一个观察天气的神经网络。

数据预处理本质就是确保神经网络提取我们希望它提取的信号，而不受其他无关事物的干扰。这里第一步就是确保我们确实有正确地输入数据。理想情况下，数据应该尽可能接近真实世界的情况。

确保数据中所包含的信号是我们试图学习的信号看起来是显而易见的，但很容易弄错。获取数据是困难的，每一个数据源都有它自己的特殊性。

当发现输入数据被污染时，我们可以做一些事情来补救。当然，最好的办法是重新平衡数据。因此，在坦克与森林的例子中，我们将试着在各类天气中获得两类场景的图片。（如果你仔细想想，会发现即使所有的原始照片都在晴朗的天气拍摄，训练集还是不够理想——一个平衡的训练集将包含各种天气条件。）

第二个选择是丢弃一些数据使集合更加平衡。也许在阴天里拍了一些坦克的照片，但是数量还不够，所以我们可以丢弃一些晴天的照片。显然，这削减了训练集的大小，而且在有些情况下并不适用。(在 1.3.5 节中讨论的数据增强可能会对此有所帮助。)

第三个选择是尝试修复输入数据，也就是使用图像滤镜让天气条件呈现得更加相似。这么做有些棘手，可能很容易引入其他的或更多的可能会被网络检测到的人为因素。

1.3.2 数据分批

神经网络以批处理方式使用数据 (输入 / 输出对集合)。重要的是要确保这些批次数据适当地随机化。设想我们有一组图片，前半部分都描绘了猫，后半部分描绘了狗。如果没有对数据进行随机交叉，神经网络就不可能从这个数据集中学到任何东西：几乎所有批次要么只包含猫，要么只包含狗。如果我们使用 Keras，而且数据完全存储在内存中，那么使用 fit 方法很容易实现这一点，因为它将执行随机交叉操作：

```
char_cnn_model.fit(training_data, training_labels, epochs=20,
    batch_size=128)
```

fit 将批大小取值 128，随机从 training_data 和 training_labels 集合中创建批次。Keras 负责进行随机化。只要我们将数据载入内存，它就会按通常的方式处理。

在一些情况下，我们希望每个批次调用一次 fit，这时我们的确需要确保正确的随机交叉。我们不得不让数据和标签一起小心地进行随机交叉，numpy.random.shuffle 可以很好地做到这一点。

然而我们并不是总能将数据载入内存。有时数据可能太大或者需要动态处理，或者格式不理想。在这些情况下，我们使用 fit_generator：

```
char_cnn_model.fit_generator(
    data_generator(train_tweets, batch_size=BATCH_SIZE),
    epochs=20
```

)

这里 `data_generator` 是一个产生批次数据的生成器。该生成器确保数据被适当随机化。如果数据是从文件中读入，则不能进行随机交叉。如果数据来自于 SSD 并且记录的大小相同，我们可以通过文件内部随机化实现随机交叉。如果不是这种情况，并且文件拥有某种排序，我们可以通过使同一个文件拥有多个文件句柄来增加随机性，这些文件句柄都在不同的位置。

当建立生成器批量动态生成批次数据时，我们还需要注意保持适当的随机性。例如，在第 4 章中我们在维基百科文章上进行训练，使用从电影页面到其他页面的链接作为训练数据，构建一个电影推荐系统。生成这些（FromPage，ToPage）对的最简单方法是随机选择一个 FromPage，然后从 FromPage 上找到的所有链接中随机选择一个 ToPage。

当然，这是可行的，但是它会在链接较少的页面中选择比应选数量更多的链接。在第一步，具有一个链接的 FromPage 与具有一百个链接的页面具有相同的被选中的机会。但是在第二步中肯定要选择一个链接，而页面上具有 100 个链接页面中的每个链接被选中的机会都很小。

1.3.3 训练、测试和验证数据

在建立干净的、归一化的数据之后，开始实际训练之前，我们需要将数据划分为训练集和测试集，以及尽可能划分一个验证集。正如许多事情一样，这样做的原因与过拟合有关。神经网络几乎总是记住一小部分训练数据，而不是学习泛化。通过将一小部分数据划分到一个训练中不使用的测试集，我们可以测量这种情况发生的程度。在每代（epoch）训练完成之后，我们测量训练集和测试集的准确率，只要这两个数字间没有太大的差异，训练得就不错。

如果我们将数据载入内存，使用 `sklearn` 的 `train_test_split` 将数据划分为训练集和测试集：

```
data_train, data_test, label_train, label_test = train_test_split(
    data, labels, test_size=0.33, random_state=42)
```

这将创建一个包含 33% 数据的测试集。`random_state` 作为随机种子，确保两次执行同样的程序可以得到相同的结果。

当我们使用生成器为神经网络送入数据时，需要自己划分数据。常用但不是非常高效的一个方法是使用类似下面的程序：

```
def train_or_test(gen, train=True):
    for i, x in enumerate(gen):
        if (i % 4 == 0) != train:
            yield x
```

当 train 为 False 时，生成器 gen 的每第 4 个元素中生成一个数据。当 train 为 True 时，由其他元素生成。

有时会从训练集中划分出第三个数据集，称为验证集。这里名字可能有些混淆，当只有两个数据集的时候，测试集有时也称为验证集（或留出集）。在有训练集、验证集和测试集的场景中，验证集用于度量模型调优过程中的性能。测试集用于调优完成后，不再改变代码时使用。

保留第三个数据集的原因是防止手动过拟合。一个复杂的神经网络可以有非常多的调优选项或超参数。找到这些超参数的正确值是一个也可能会出现过拟合的优化问题。我们不断调整这些参数，直到验证集上的性能不再提升。通过保留一个在调优过程中未使用的测试集，可以确保我们不会无意中为这个验证集优化超参数。

1.3.4 文本预处理

有很多神经网络问题涉及文本处理。这种情况下，输入文本的预处理涉及将输入文本映射为可以送入神经网络的向量或矩阵。

通常情况下，第一步是将文本分割为单元。有两种实现分割的常用方法：基于字符的和基于词的方法。

直接的方法是将文本分割为单个字符的流，为我们产生可预计数量的不同标记（token）。如果我们所有的文本都基于单音素的文字，那么不同标记的数量则非常有限。

将文本分割为单词是更复杂的标记化策略，尤其是对于没有标识单词开始和结束的文字。然而，对于我们将要完成的不同标记的数量则没有明显的上限。很多文本处理工具包都有一个"标记化"函数，该函数通常允许删除重音，并可以选择将所有标记转换为小写。

将每个单词转换为词根形式（通过去除任何语法相关的改变），称为词干提取的过程，这个过程很有帮助，对于语法比英语还严格的语言更是如此。第8章，我们将看到一种子词标记策略，它将复杂的单词分解为子标记(subtoken)，从而保证不同标记的数量有明确的上限。

一旦将文本分割为标记，我们需要对它进行向量化。最简单的向量化方法就是独热编码（one-hot encoding）。这里，我们为每个单独的标记指定一个从0到标记数量之间的整数 i，然后用一个除了第 i 位是1以外其他位都是0的向量表示每个标记。Python 代码如下：

```
idx_to_token = list(set(tokens))
token_to_idx = {token: idx for idx, token in enumerate(idx_to_token)}
one_hot = lambda token: [1 if i == token_to_idx[token] else 0
                         for i in range(len(idx_to_token))]
encoded = np.asarray([one_hot(token) for token in tokens])
```

这将提供一个大的二维数组供我们使用。one-hot 编码可以在字符层面处理文本。它也可以在单词层面处理文本，尽管对于拥有大量词汇的文本来讲可能会十分笨拙。

目前，有两种流行的编码策略。

第一种方法将文档看作"词袋"。这里，我们不关心单词的顺序，只关心特定的单词是否存在。然后，我们可以将文档表示为一个向量，其中每个单独的标记作为一项。最简单的模式是如果单词出现在文档中则该项为1，否则为0。

因为英语中最常出现的100个单词差不多占了所有文档的一半，它们在文本分类任务中不是十分有用。几乎所有文档都包括它们，因此将它们包含在向量中没有太多实际的帮助。常用的策略是从词袋中去掉这些单词，令神经网络关注那些引起差别的单词。

词频 – 逆向文件频率或称 tf-idf 是词袋法更复杂的一个版本。如果一个标记在文档中存在，不是存储 1，而是存储标记出现的相对频率与整个文档语料库中标记出现的频率的比值。这里的思想是，在文档中不太常见的标记比始终出现的标记更有意义。scikit-learn 带有自动计算 tf-idf 的方法。

第二种处理单词级编码的方法是嵌入（embedding）。第 3 章与嵌入有关，并提供了一种理解其工作原理的好方法。通过嵌入，我们将一个特定大小的向量与标记联系起来——一般长度是 50~300。当我们把标记 ID 序列表示的文档送入之后，嵌入层会自动查找对应的嵌入向量，输出一个二维数组。

和神经网络的任何层一样，嵌入层将学习每一项的正确权重。在处理和所需的数据上，通常需要大量的学习。尽管如此，嵌入的优点是有预先训练好的集合可供下载，我们可以把它们植入到嵌入层。第 7 章有一个使用该方法的例子。

1.3.5 图像预处理

在图像处理方面，从检测视频中的猫到在图片上应用不同艺术家的风格，已经证明了深度神经网络是非常有效的。然而，与文本一样，正确地对输入图像进行预处理也是必不可少的。

第一步是归一化。许多网络只能对特定大小的图像进行操作，因此第一步是将图像调整或裁剪到目标大小。通常使用中心裁剪或直接调整尺寸，尽管有时为保留更多的图像，同时在一定程度上控制调整大小导致的图像失真，将两种方法组合在一起使用效果更好一些。

为了对颜色进行归一化处理，对于每个像素，我们通常减去平均值并除以标准差。这确保所有值的平均中心在 0 左右，并且接近 70% 的像素值都在 [–1, 1] 的合适范围内。在这里，一个新的进展是使用批量归一化，不是预先对所有数据进行归一化，而是减去批量数据的平均值，然后除以标准差。这将产生更好的结果，并且可以成为网络的一部分。

数据增强（data augmentation）是一种通过对训练图像添加变化从而增加训练数据量的策略。如果我们将图像的水平翻转版本添加到训练数据中，在某种程度上，训练数据就会翻倍——猫的镜像仍然是一只猫。用另一种方式来看，我们正在告诉网络可以忽略翻转。如果所有的猫图片都让猫朝一个方向看，我们的网络可能会发现这是猫的一部分，添加反转图片则会消除这一点。

Keras 有一个方便的类 ImageDataGenerator，你可以对其进行配置以产生各种图像变化，包括旋转、变换、颜色调整，以及放大。你可以将其用在你的模型上，作为 fit_generator 方法的数据生成器：

```
datagen = ImageDataGenerator(
    rotation_range=20,
    horizontal_flip=True)

model.fit_generator(datagen.flow(x_train, y_train, batch_size=32),
                    steps_per_epoch=len(x_train) / 32, epochs=epochs)
```

1.3.6 小结

数据预处理是训练深度学习模型的一个重要步骤。所有这些方法的共同之处是希望神经网络尽量简单地学习正确的事情，而不被输入数据中不相关的特征干扰。获得一个平衡的训练数据集、建立随机的训练批次以及各种数据归一化方法都是这项工作的主要内容。

第 2 章

摆脱困境

深度学习模型经常被看作是一个黑盒——我们在一端将数据输入神经网络，在另一端得到结果，而无须关心网络是如何学习的。尽管深度神经网络擅长从复杂的输入数据中很好地提取输出信号，但将神经网络视为黑盒子不好的一面就是当遇到问题时我们不清楚如何解决。

我们讨论的这些技术有一个共同的目标，就是希望网络泛化而不是只是记忆。神经网络为什么泛化是值得思考的问题。本书中讨论的或实际生产中使用的模型可能包含几百万个参数，这可能使网络通过一些例子来记住输入。如果进展顺利就不会这样，而会开发一些对输入数据进行泛化的规则。

如果进展不顺利，你可以尝试本章介绍的一些技术。我们将从如何确定遇到的问题开始。然后，我们看一下各种输入数据预处理方法，以便让网络更加容易地处理。

2.1 确定我们遇到的问题

问题

如何知道神经网络是什么时候遇到问题的呢？

解决方案

查看一下神经网络训练过程中的各项指标。

神经网络无法顺利工作最常见的状况就是神经网络无法学习任何东西或者学习到错误的东西。我们构建网络时，确定了损失函数。这决定了网络尽力去优化的目标是什么。在训练过程中会不断显示损失值。如果这个值在几个循环后不再继续下降，我们就遇到了麻烦。因为这意味着，从它自身的进展测量情况来看，网络不再学习任何东西。

第二个常用的指标就是准确率。这个指标反映的是神经网络对输入正确预测的比例。损失值不断下降时，准确率不断增加。如果损失值在下降而准确率不再升高，神经网络正在学习一些东西，但不是我们所期望的东西。然而，获得准确率可能要花上一段时间。复杂的视觉神经网络在获得任何正确标签前将会耗费很长一段时间，这一过程中神经网络仍在不断地学习，因此，在贸然放弃之前，需要考虑到这一点。

第三个需要查看的东西是过拟合，这可能是最常遇到的问题。过拟合就是我们看到损失函数在下降，准确率在提高，但是在测试集上的准确率却不再增加。假设我们有一个测试集，将这个指标加到指标集之中，每代训练循环结束后我们可以看到这个指标。一般情况下，首先测试集准确率随着训练集准确率增加而增加，接着会出现一个间隔，之后经常是测试集准确率开始下降，而训练集的准确率还在保持上升。

这时所发生的问题是我们的神经网络学习到了输入和预期输出之间的直接映射，而不是学习到了泛化。只要是以前遇到过的样本，神经网络工作得就会非常好。但是，测试集中的样本在神经网络训练过程中没有使用过，所以它就会失败。

讨论

关注训练过程显示的指标是跟踪学习过程进展的一个好方法。这里讨论了三个最重要的指标，但是像 Keras 这样的框架提供了更多的指标和选项让你自己来构建它们。

2.2 解决运行过程中的错误

问题

当神经网络报出形状不兼容错误时，我们该怎么办？

解决方案

检查一下网络结构并使用不同的数值进行实验。

Keras 是在 TensorFlow 或 Theano 框架之上的一个抽象，但是与任何抽象一样，这也带来一定成本。当一切顺利时，我们清晰定义的模型在 TensorFlow 或 Theano 顶层上愉快地运行。但不顺利时，底层框架的深处会出现错误。没有理解这些框架错综复杂的关系，就很难弄明白这些错误，这也是我们希望通过使用 Keras 来首先避免的。

有两个操作可以帮助我们而不需要深入去理解。第一个是输出我们的网络结构。假设我们有一个简单的模型，它包含五个变量，并分为八类：

```
data_in = Input(name='input', shape=(5,))
fc = Dense(12, activation='relu')(data_in)
data_out = Dense(8, activation='sigmoid')(fc)
model = Model(inputs=[data_in], outputs=[data_out])
model.compile(loss='binary_crossentropy',
              optimizer='adam',
              metrics=['accuracy'])
```

我们现在使用这个命令检查该模型：

```
model.summary()
Layer (type)                 Output Shape              Param #
=================================================================
input (InputLayer)           (None, 5)                 0
_____
dense_5 (Dense)              (None, 12)                72
_____
dense_6 (Dense)              (None, 8)                 104
=================================================================
Total params: 176
Trainable params: 176
Non-trainable params: 0
```

现在，如果我们得到一个形状不兼容的错误，形式如下：

```
InvalidArgumentError: Incompatible shapes: X vs. Y
```

我们知道一定是内部出现了错误，并且使用堆栈追踪不容易对其进行定位。我们可以尝试其他一些做法。

首先查看一下是否有形状是 X 或 Y。如果是，它可能就是问题所在。掌握问题所在基本就完成了一半的工作，当然这还留下了另一半工作。另一件需要注意的事就是各层的名字。通常它们会在返回的错误消息中，有时是一种残缺不全的形式。Keras 自动给匿名层分配名称，因此，在这方面查看摘要也是有用的。如果需要，我们可以为各层指定名字，就像这个例子的输入层一样。

如果没有找到运行过程中出现的错误的形状或名字，我们在深入研究（或者发布到 Stack Overflow 上）之前可以尝试其他一些做法：使用不同的数字。

神经网络包含了载入的超参数，如不同层的尺寸。考虑到其他类似的网络，因为它们看起来是合理的，所以才被选中。但作为实际值多少有些武断。在我们的例子中，隐层真的需要 12 个单元吗？11 个单元会很差吗？13 个单元会过拟合吗？

也许不会。我们倾向于选择感觉不错的数字，通常是 2 的幂。因此，如果你遇到执行错误，改变这些数值并看看报错信息如何变化。如果报错信息保持不变，你改变的变量与这个错误无关。一旦开始变化，你会得到一些相关的东西。

这可能是很微妙的。例如，一些网络要求所有批次具有相同的大小。如果您的数据不能被批次大小整除，则最后一批会太小，您将得到如下错误：

```
Incompatible shapes: [X,784] vs. [Y,784]
```

这里 X 是批尺寸，Y 是最后一个不完整的批尺寸。你可以根据批尺寸重新组织 X，但是 Y 却很难处理。如果你改变批尺寸，Y 也会变化，它会提供一个到哪里查看的提示。

讨论

理解由 Keras 抽象出的框架所报告的错误一般是棘手的。一旦打破抽象，我们就会立即看到机制的内部。这个方法中的技巧允许你通过发现错误中的形状和名称来推迟对这些细节的研究，如果做不到这一点，你可以尝试不同的数值，看看有什么变化。

2.3 检查中间结果

问题

神经网络达到一个不错的准确率水平，但是难以超越这个水平。

解决方案

检查神经网络是否陷入了一个显著的局部最大值。

一种情况就是一种标签远比其他标签常见，你的神经网络快速地学到了这一点，总是把这个标签预测为输出可以得到正面的结果。判断这种情况发生并不难，只要将一个输入样本送入神经网络，查看输出就可以。如果输出总是相同，你就陷入这个问题了。

本章下面给出一些如何解决这个问题的建议。或者，你也可以改变数据的分布。如果你的样本中 95% 是狗，只有 5% 是猫，网络则无法看到足够多的猫的样本。人工改变数据分布，例如 65%/35%，会使网络学习变得更容易一些。

当然，这不是没有自己的风险。网络现在可能有更多的机会学习猫的样本，但它也会学习错误的基础分布或者先验概率。这意味着，在有疑问的情况下，神经网络现在更有可能选择"猫"作为答案，哪怕所有事情都一样，其实"狗"的可能性更高。

讨论

查看一下小部分输入样本的神经网络输出标签的分布是了解实际做了什么的

一个很好的方法，然而这一点也经常被忽略。如果神经网络仅集中在首要的答案上，调整分布是尝试解决神经网络陷入的困境的一种方法，但是你也应该考虑其他技术。

当网络不能快速收敛时，输出中还有其他需要注意的事项。NaN 的出现意味着梯度爆炸。如果网络的输出似乎被截断而且不能达到正确的值，可能你在最后一层使用了错误的激活函数。

2.4 为最后一层选择正确的激活函数

问题

如何为最后一层选择正确的激活函数呢？

解决方案

确保激活函数与神经网络的意图相一致。

开始深度学习的一个好方法是在某个地方找到在线示例，并逐步修改它，直到它完成你希望它做的事情。然而，如果示例神经网络的意图与你的目标不同，则可能必须要更改最后一层的激活函数。让我们来看一些常见的选择。

softmax 激活函数确保输出向量的和是 1。对于一个输入对应一个输出标签的神经网络，它是非常合适的激活函数（例如图像分类器）。输出向量代表概率分布——如果输出向量中"cat"的条目是 0.65，则网络认为它看到 cat 的确定性为 65%。仅当输出为一个答案时，softmax 可以正常工作。当可能存在多个答案时，尝试一下 sigmoid 激活函数。

当我们需要解决给定输入预测数值的回归问题时，线性激活函数很适合。一个例子就是给定一系列的电影评论，然后预测电影的评级。线性激活函数将取前一层的值，并将它们与一组权重相乘，以便与预期的输出相匹配。正如将输入数据归一化到 [-1, 1] 范围或其附近是一个好主意一样，对输出进行归一化通常也是有帮助的。所以，如果我们的电影收视率在 0～5 之间，我们会在创建训练数据时减去 2.5 并除以 2.5。

如果网络输出图像，请确保所使用的激活函数与像素归一化处理相一致。扣除平均像素值和除以标准偏差的归一化会得到以 0 为中心的值，因此它不能用于 sigmoid，并且由于 30% 的值将落在 [–1, 1] 的范围之外，tanh 也不适合。你仍然可以使用这些激活函数，但必须修改输出的归一化方法。

根据你对输出分布的了解，做一些更有趣的尝试可能有用。例如，电影收视率往往在 3.7 左右，所以以该值为中心可能会产生更好的效果。当实际分布发生偏差，使得平均值附近的值比离群值更可能出现时，使用 tanh 激活函数可能比较合适。这将任何值压缩到 [–1, 1] 范围。通过将预期的输出映射到相同的范围，并在心中记住预期分布，我们可以模拟数据的任意分布形态。

讨论

选取正确的激活函数至关重要，但是很多情况下并不困难。如果你的输出表示的是一个可能输出的概率分布，你可以使用 softmax。否则，你需要不断地进行实验。

你也需要确保损失函数与最后一层的激活函数一起工作。给定期望值后，损失函数通过计算"错误"程度来指导网络的训练。我们已经看到，当网络进行多标签预测时，softmax 激活函数是正确的选择。在这种情况下，你可能使用像 Keras 的 `categoical_crossentropy` 这样的绝对损失函数。

2.5 正则化和 Dropout

问题

一旦发现神经网络过拟合，可以做些什么呢？

解决方案

使用正则化（Regularization）和 Dropout 来限定神经网络的行为。

具有足够参数的神经网络可以通过记忆来适应任何输入 / 输出映射。在训练时准确度似乎很高，但这样的神经网络当然不能很好地处理以前从未见过的数据，在测试数据上或在实际生产中的准确度也很差。该网络是过拟合的。

一个显而易见的防止网络过拟合的方法是减少层数或使每一层更小来减少我们所使用的参数数量。但这也降低了网络的表现能力。正则化和 Dropout 为我们提供了一些介于两者之间的东西，这种方式可以限制网络的表达能力而不会（过度）伤害学习能力。

通过正则化，我们为参数的极值添加惩罚。这里的直觉是，为了适应任意的输入 / 输出映射，神经网络将需要任意的参数，而学习到的参数往往在正常范围内。因此，让这些参数使网络保持学习而不是记忆变得更加困难。

在 Keras 上使用正则化很简单：

```
dense = Dense(128,
              activation='relu',
              kernel_regularizers=regularizers.l2(0.01))(flatten)
```

正则化可以使用在核的权值、层的偏置或输出层。在什么地方应用以及确定惩罚值的多少，多数情况下是一个试错的过程。常用的初始值似乎是 0.01。

Dropout 是一种类似技术，但是更加激进。在训练过程中我们随机忽略一定比例的神经元，而不再保持神经元的权重。

与正则化类似，在训练过程中 Dropout 不再依赖特定的神经元，使得神经网络难以记忆输入 / 输出对。这促使神经网络学习通用、鲁棒的特征，而不是学习一次性、特定的东西来对应训练的实例。

在 Keras 中，使用 Dropout（pseudo）层在一个层上应用 Dropout：

```
max_pool_1x = Max Pooling1D(window)(conv_1x)
dropout_1x = Dropout(0.3)(max_pool_1x)
```

这将在 max-pooling 层使用 30% 的 Dropout，也就是在训练过程中忽略 30% 的神经元。

在执行推理时则不再应用 Dropout。所有神经元平等看待，则该层的输出将增加 40% 以上，因此框架自动将这些输出缩放回去。

讨论

当使神经网络更具表现力时，将会增加其过拟合或记忆其输入，而不是学习一般特征的趋势。正则化和 Dropout 可以减少这种影响。这两种方法都是通过惩罚极端值（正则化方法）或者忽略一定百分比的神经元（Dropout 方法）来减少网络自由度以适应任意特征。

有一个有趣的替代方法来观察具有 Dropout 的神经网络如何工作，考虑如果我们有 N 个神经元，并且随机地关闭一定百分比的神经元，我们则确实创造了一个生成器，它可以创建各种各样的不同但相关的网络。在训练期间，这些不同的网络都学习自己手头的任务，但在评估时，它们都并行运行，并且得到平均意见。因此，即使其中一些神经网络开始过拟合，也有可能在总体投票中被淹没掉。

2.6 网络结构、批尺寸和学习率

问题

对于一个给定的问题，如何找到最佳的网络结构、批尺寸和学习率？

解决方案

从小做起，逐渐扩展。

一旦我们确定了需要解决特定问题的神经网络类型，仍然需要做出许多实施中的决定。其中更重要一些的是关于网络结构、学习率和批尺寸大小的决定。

让我们从神经网络结构开始。有多少层？每一层都有多大？一个合适的策略是从可能工作的最小尺寸开始。由于热衷于深度学习中的"深"，从多层面开始对我们有一定的诱惑力。但一般来说，如果一层或两层网络根本不运行，那么增加更多层并不能真正起到作用。

继续看每个单独的层的大小，较大的层可以学到更多，但是也获得了更长的时间和更大的空间来隐藏问题。与层的数量一样，从小的单元数开始再扩大它们。如果你怀疑较小网络的表达能力不足以理解你的数据，请考虑简化你的数据。从仅区分两个最流行的标签的小型网络开始，然后逐渐增加数据和网络的复杂性。

批尺寸是我们在调整权值之前输入网络的样本数。批尺寸越大，完成一个批次的时间越长，但梯度越精确。为了快速获得结果，建议从一个小批量开始，32 似乎就能工作得很好。

学习率决定了网络权重在梯度方向上的变化程度。速率越高，我们在解空间移动越快。不过速率太高了的话，我们有可能跳过那些好的位置，然后开始出现失败。当考虑到小批量会导致不精确的梯度时，我们理所当然地应该将较小批尺寸和较小的学习速率组合在一起。因此，这里再次建议从小的值开始，当事情顺利后，尝试更大的批尺寸和更高的学习率。

 GPU 的训练会影响这种评估。GPU 可以有效地并行执行，因此没有真正的理由来选择如此之小的批尺寸，它会使部分 GPU 出现空闲。选择哪个批尺寸依赖于神经网络，但只要增加批尺寸时每批时间不会增加太多，你就还是正确的。在 GPU 上运行第二个需要考虑的是内存。当批尺寸与 GPU 内存不再合适时，会出现失败，你会看到内存不足的消息。

讨论

网络结构、批尺寸和学习率是影响网络性能的重要超参数，但与实际策略关系不大。对于所有这些，一个合理的策略是从小开始（虽然足够大，但可以工作）并逐步扩大，观察神经网络是否仍然可以工作。

随着层数和每层大小的增加，我们将在某个时间点看到过拟合的症状（例如训练和测试精确度开始发散）。这可能是一个观察正则化和 Dropout 效果的好时机。

第 3 章

使用词嵌入计算文本相似性

 开始之前，这是包含实际代码的第一个章节。你可以直接跳到这里，如果你要运行书中附带的代码，遵循下面的指示会很有帮助。只需要在 shell 中执行下面的命令就可以了：

```
git clone \
  https://github.com/DOsinga/deep_learning_cookbook.git
cd deep_learning_cookbook
python3 -m venv venv3
source venv3/bin/activate
pip install -r requirements.txt
jupyter notebook
```

你可以在前言中的"你需要知道什么"部分找到更细致的说明。

在本章中，我们将介绍词嵌入以及它们如何帮助我们计算文本片段之间的相似性。词嵌入是一项自然语言处理中用来表示 n 维空间向量的强大技术。这个空间的有趣之处在于，具有相似意义的词彼此间互相接近。

我们将用到的主要模型是 Google 的 Word2vec 版本。这不是一个深度神经模型。事实上，它只不过是一个从词到向量的大型查询表，因此根本不是一个模型。Word2vec 是一个副产品，从 Google 新闻的以句子上下文预测单词的训练网络中，意外产生了 Word2vec 嵌入。它可能也是各种嵌入中最著名的例子，此外嵌入还是深度学习的一个重要概念。

一旦你开始了解它们，就会发现具有语义属性的高维空间在深度学习中已经无处不在了。我们可以通过将电影映射到高维空间（第 4 章）来构建电影推荐系统，或者仅使用二维空间（第 13 章）来创建手写数字地图。图像识别神经网络将图像映射到一个空间，使得该空间中相似的图像彼此接近（第 10 章）。

本章仅聚焦词嵌入。首先，我们将使用预先训练好的词嵌入模型计算单词相似性，然后展示一些有趣的 Word2vec 数学特性。接着，我们将探索如何对高维空间进行可视化。

接下来，我们来看看如何利用 Word2vec 等词嵌入的语义特性进行特定领域中的排名。我们将把单词和它们的嵌入看作它们所表示的实体，并且带来一些有趣的结果。我们首先在 Word2vec 词嵌入中发现实体类——在本例中实体类就是国家。然后，我们展示如何根据这些国家排列词汇（term），以及如何在地图上可视化这些结果。

词嵌入是一个将词映射为向量的有效方法，有很多用途。在文本预处理中经常用到它们。

本章的代码可从以下 Pytron notebook 中找到：

```
03.1 Using pretrained word embeddings
03.2 Domain specific ranking using word2vec cosine distance
```

3.1 使用预训练的词嵌入发现词的相似性

问题

你需要找出两个词是否相似而不是相等，例如你正在验证用户输入，并且用户无法准确地输入所期望的词。

解决方案

你可以使用预先训练好的词嵌入模型。在这个例子中我们将使用 gensim，这是一个很有用的库，一般用于 Python 主题建模。

第一步是获得一个预先训练的模型。在互联网上有一些预先训练好的模型可以下载，但我们使用 Google 新闻这个模型。它有 300 万个词嵌入，并用大约

1000 亿个摘自 Google 新闻档案的单词训练过。下载它需要一段时间，所以我们将在本地缓存这个文件：

```
MODEL = 'Google News-vectors-negative300.bin'
path = get_file(MODEL + '.gz',
    'https://s3.amazonaws.com/dl4j-distribution/%s.gz' % MODEL)
unzipped = os.path.join('generated', MODEL)
if not os.path.isfile(unzipped):
    with open(unzipped, 'wb') as fout:
        zcat = subprocess.Popen(['zcat'],
                        stdin=open(path),
                        stdout=fout
                        )
        zcat.wait()

Downloading data from Google News-vectors-negative300.bin.gz
1647050752/1647046227 [==============================] - 71s 0us/step
```

我们现在已经下载了模型，可以把它加载到内存中。模型非常大，将需要大约 5 GB 的 RAM：

```
model = gensim.models.KeyedVectors.load_word2vec_format(MODEL, binary=True)
```

模型加载完毕后，我们可以用它来寻找相似的单词：

```
model.most_similar(positive=['espresso'])

[(u'cappuccino', 0.6888186931610107),
 (u'mocha', 0.6686209440231323),
 (u'coffee', 0.6616827249526978),
 (u'latte', 0.6536752581596375),
 (u'caramel_macchiato', 0.6491267681121826),
 (u'ristretto', 0.6485546827316284),
 (u'espressos', 0.6438628435134888),
 (u'macchiato', 0.6428250074386597),
 (u'chai_latte', 0.6308028697967529),
 (u'espresso_cappuccino', 0.6280542612075806)]
```

讨论

词嵌入以相似的单词互相靠近的方式，将 n 维向量与单词表中的每个单词联系起来。寻找相似的词纯粹就是最近邻搜索，即使在高维空间的情况下也有有效的算法。

稍微简化一些，Word2vec 嵌入是通过训练神经网络从上下文中预测单词而得到的。因此，我们让网络预测在一系列片段中应该选择哪个词作为 X，例如：
"the cafe served a X that really woke me up"。

这样，那些可被插入相似模式的单词将会得到彼此靠近一些的向量。我们不关心实际的任务，只关心分配的权重，这是我们训练这个网络得到的一个副产品。

在本书后面，我们会看到词嵌入也可以把单词输入神经网络。将一个 300 维的嵌入向量馈送到神经网络，要比送入一个 300 万维的独热编码向量更可行。此外，使用预训练词嵌入的神经网络不需要学习词之间的关系，可以立即开始手头的实际任务。

3.2 Word2vec 数学特性

问题

怎么自动回答"A 与 B 的关系和 C 与谁的关系相似"的问题？

解决方案

使用 Word2vec 模型的语义特性，`gensim` 库使得实现这一点非常简单：

```
def A_is_to_B_as_C_is_to(a, b, c, topn=1):
    a, b, c = map(lambda x:x if type(x) == list else [x], (a, b, c))
    res = model.most_similar(positive=b + c, negative=a, topn=topn)
    if len(res):
        if topn == 1:
            return res[0][0]
        return [x[0] for x in res]
    return None
```

现在我们可以将此应用到任意的词语之中，例如，为了找到与"king"和"son"之间关系相似的与"daughter"对应的单词：

```
A_is_to_B_as_C_is_to('man', 'woman', 'king')

u'queen'
```

我们也可以使用这个方法查找一些选定国家的首都：

```
for country in 'Italy', 'France', 'India', 'China':
```

```
print('%s is the capital of %s' %
      (A_is_to_B_as_C_is_to('Germany', 'Berlin', country), country))
```

```
Rome is the capital of Italy
Paris is the capital of France
Delhi is the capital of India
Beijing is the capital of China
```

或者是查找公司的主要产品（注意 # 占位符代表词嵌入中的任意数值）：

```
for company in 'Google', 'IBM', 'Boeing', 'Microsoft', 'Samsung':
    products = A_is_to_B_as_C_is_to(
        ['Starbucks', 'Apple'], ['Starbucks_coffee', 'iPhone'], company, topn=3)
    print('%s -> %s' %
          (company, ', '.join(products)))
```

```
Google -> personalized_homepage, app, Gmail
IBM -> DB2, WebSphere_Portal, Tamino_XML_Server
Boeing -> Dreamliner, airframe, aircraft
Microsoft -> Windows_Mobile, SyncMate, Windows
Samsung -> MM_A###, handset, Samsung_SCH_B###
```

讨论

正如我们在前面看到的，与单词相关联的向量对单词的含义进行编码，相似
的单词具有彼此接近的向量。事实证明，词向量之间的差异也编码了词语之
间的差异，因此如果我们取词“son”的向量，并减去“daughter”的向量，
最终得到的差异可以被解释为“从男性到女性”。如果我们在“king”的向量
上加上这个差异，我们最终得到结果接近的“queen”单词的向量：

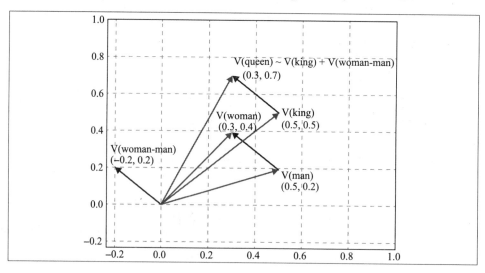

most_similar 方法输入一个或多个正例词和一个或多个负例词。它查找相应的向量，然后从正例中减去负例，并返回具有最接近结果向量的单词。

因此，为了回答"A 与 B 的关系和 C 与谁的关系最相似"的问题，我们想从 B 减去 A 然后加上 C，即使用 positive = [B, C] 和 negative = [A] 调用 most_similar 函数。示例 A_is_to_B_as_C_is_to 在这一动作上增加两个小特征。如果我们只请求一个例子，它就会返回一个独立项，而不是一个列表。类似地，我们可以为 A、B 和 C 返回一个列表或独立项。

在实际产品中能够提供列表是很有用的。我们要求每家公司有三种产品，这使得精确地获得向量比只要求一个结果更为重要。通过提供"Starbucks"和"Apple"，我们得到了"is a product of"这一概念的更加确切的向量。

3.3 可视化词嵌入

问题

你希望了解如何使用词嵌入划分一组对象。

解决方案

浏览一个 300 维的空间非常困难，但是幸运的是我们可以使用称为 t 分布随机邻域嵌入（t-SNE）的算法把更高维度的空间折叠成更易理解的低维度空间，比如两个维度。

假设我们想看看三组词是如何划分的。我们将选择国家、体育和饮料：

```
beverages = ['espresso', 'beer', 'vodka', 'wine', 'cola', 'tea']
countries = ['Italy', 'Germany', 'Russia', 'France', 'USA', 'India']
sports = ['soccer', 'handball', 'hockey', 'cycling', 'basketball', 'cricket']

items = beverages + countries + sports
```

现在查询它们的向量：

```
item_vectors = [(item, model[item])
                for item in items]
```

```
                     if item in model]
```

我们现在能够在 300 维空间中使用 t-SNE 算法寻找类簇：

```
vectors = np.asarray([x[1] for x in item_vectors])
lengths = np.linalg.norm(vectors, axis=1)
norm_vectors = (vectors.T / lengths).T
tsne = TSNE(n_components=2, perplexity=10,
            verbose=2).fit_transform(norm_vectors)
```

我们使用 Matplotlib 在散点图中显示结果：

```
x=tsne[:,0]
y=tsne[:,1]

fig, ax = plt.subplots()
ax.scatter(x, y)

for item, x1, y1 in zip(item_vectors, x, y):
    ax.annotate(item[0], (x1, y1))

plt.show()
```

结果如下：

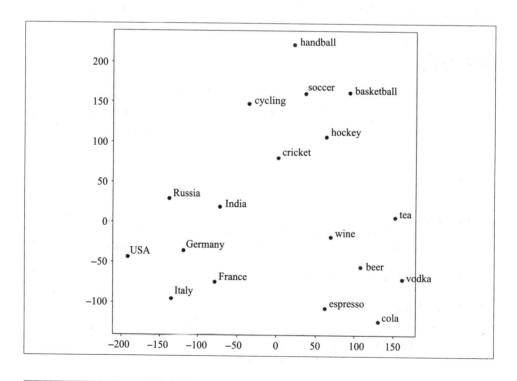

讨论

t-SNE 是一个智能的算法。你给它一组高维空间的点，它反复迭代尝试找到低维空间（通常是二维平面）的最优投影，在低维空间中尽可能保持各点之间的距离。它非常适合用于可视化像（词）嵌入这样的高维空间。

对于更复杂的情况，可以尝试调整 `perplexity` 参数。这个变量大致决定了局部准确度和总体准确度之间的平衡。将其设置得较低，将创建局部精确的小集群；将其设置得较高，将导致更多的局部失真，但是总体集群更好。

3.4 在词嵌入中发现实体类

问题

在高维空间中，通常有一些只包含一类实体的子空间。你如何找到那些空间呢？

解决方案

在样本集和国家样本集上使用支持向量机（SVM）。例如，让我们查找 Word2vec 空间中的国家。我们从再次加载模型开始，搜索与德国这个国家类似的事物：

```
model = gensim.models.KeyedVectors.load_word2vec_format(MODEL, binary=True)
model.most_similar(positive=['Germany'])

[(u'Austria', 0.7461062073707581),
 (u'German', 0.7178748846054077),
 (u'Germans', 0.6628648042678833),
 (u'Switzerland', 0.6506867408752441),
 (u'Hungary', 0.6504981517791748),
 (u'Germnay', 0.649348258972168),
 (u'Netherlands', 0.6437495946884155),
 (u'Cologne', 0.6430779099464417)]
```

如你所见，结果中有很多国家，但像"德国人"和德国城市名字之类的单词也显示在列表之中。我们可能尝试通过把一些国家的向量加起来建立一个表示"国家"概念的向量，而不是只有德国，但是那样就错太远了。在嵌入空间中，国家的概念不是一个点，而是一个形状。我们所需要的是一个分类器。

已经证明支持向量机对于像这样的分类任务十分有效。scikit-learn 有一个易于部署使用的解决方案。第一步是建立训练集。在这个技巧中，因为有很多国家，获得正例并不困难：

```
positive = ['Chile', 'Mauritius', 'Barbados', 'Ukraine', 'Israel',
  'Rwanda', 'Venezuela', 'Lithuania', 'Costa_Rica', 'Romania',
  'Senegal', 'Canada', 'Malaysia', 'South_Korea', 'Australia',
  'Tunisia', 'Armenia', 'China', 'Czech_Republic', 'Guinea',
  'Gambia', 'Gabon', 'Italy', 'Montenegro', 'Guyana', 'Nicaragua',
  'French_Guiana', 'Serbia', 'Uruguay', 'Ethiopia', 'Samoa',
  'Antarctica', 'Suriname', 'Finland', 'Bermuda', 'Cuba', 'Oman',
  'Azerbaijan', 'Papua', 'France', 'Tanzania', 'Germany' … ]
```

拥有正例越多当然越好，但是本例中使用 40～50 个正例就能让我们很好地掌握该解决方案是如何工作的。

我们也需要一些反例。我们可以直接从 Word2vec 抽取一些常用词汇。我们也许会不幸地抽到一个国家，并把它放在反例里，但是考虑到模型中有 300 万个单词，而世界上国家数量小于 200 个。我们应该不会那么不走运：

```
negative = random.sample(model.vocab.keys(), 5000)
negative[:4]

[u'Denys_Arcand_Les_Invasions',
 u'2B_refill',
 u'strained_vocal_chords',
 u'Manifa']
```

现在，我们将基于正例和反例建立已标注好的训练集。我们将用 1 作为国家的标签，用 0 作为非国家的标签。遵循惯例将数据存放在变量 X 之中，将标签存放在 y 之中：

```
labelled = [(p, 1) for p in positive] + [(n, 0) for n in negative]
random.shuffle(labelled)
X = np.asarray([model[w] for w, l in labelled])
y = np.asarray([l for w, l in labelled])
```

训练模型。我们会保留一部分数据来验证模型的工作：

```
TRAINING_FRACTION = 0.7
cut_off = int(TRAINING_FRACTION * len(labelled))
clf = svm.SVC(kernel='linear')
clf.fit(X[:cut_off], y[:cut_off])
```

由于我们的数据集相对较小，即使在性能不是非常强的计算机上，训练也几乎瞬间完成。通过观察该模型对 eval 集合的正确预测的次数，我们可以看到模型的工作情况：

```
res = clf.predict(X[cut_off:])

missed = [country for (pred, truth, country) in
          zip(res, y[cut_off:], labelled[cut_off:]) if pred != truth]
100 - 100 * float(len(missed)) / len(res), missed
```

你得到的结果依赖于所选择的正例的国家和偶然抽取到的反例样本。我一般都会得到一份被遗漏的国家名单，通常是因为国家名还意味着别的东西，比如约旦（Jordan，也可以作为人名"乔丹"），但是那里也有一些真正的遗漏。最后，精确度在 99.9% 左右。

现在，我们可以在全部单词上执行分类器来抽取国家：

```
res = []
for word, pred in zip(model.index2word, all_predictions):
  if pred:
    res.append(word)
    if len(res) == 150:
      break
random.sample(res, 10)

[u'Myanmar',
 u'countries',
 u'Sri_Lanka',
 u'Israelis',
 u'Australia',
 u'Pyongyang',
 u'New_Hampshire',
 u'Italy',
 u'China',
 u'Philippine']
```

这个结果尽管非常不错，但并不完美。例如，"country"这个单词本身也被分类为一个国家，还有些像洲或美国的州一样的词。

讨论

在像词嵌入这样的高维空间中寻找类簇时，支持向量机是一个有效的工具。它们通过寻找将正例和反例分开的超平面进行工作。

Word2vec 中的各国由于共享一个语义，因此彼此间非常接近。SVM 帮助我们找到国家云簇，并给出了边界。下面的图给出了二维的情况：

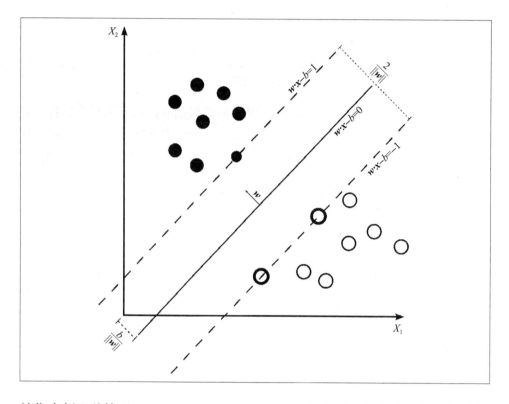

就像本例这种情况，SVM 可以用于机器学习中的各种自组织分类器，因为即使维度的数目大于样本的数目，它们也是有效的。300 维可能让模型过拟合数据，但是因为 SVM 试图找到一个简单的模型来拟合数据，我们仍然可以从小到只有几十个例子的数据集中进行归纳。

尽管结果非常好，有一个地方也值得注意。那就是在我们拥有 300 万个反例的情况下，99.7% 的精确度仍然会给我们 9000 个假正例结果，这就淹没了真实的国家。

3.5 计算类内部的语义距离

问题

对于给定的标准，如何从一个类中找到最相关的项呢？

解决方案

给定一个类，例如国家，我们可以以一定的标准通过查找相对的距离来对该类的成员进行排序：

```
country_to_idx = {country['name']: idx for idx, country in enumerate(countries)}
country_vecs = np.asarray([model[c['name']] for c in countries])
country_vecs.shape

(184, 300)
```

与前面一样，我们现在可以提取与国家相对应的向量，存入 numpy 数组之中：

```
countries = list(country_to_cc.keys())
country_vecs = np.asarray([model[c] for c in countries])
```

快速检查一下哪些国家最像加拿大：

```
dists = np.dot(country_vecs, country_vecs[country_to_idx['Canada']])
for idx in reversed(np.argsort(dists)[-8:]):
    print(countries[idx], dists[idx])

Canada 7.5440245
New_Zealand 3.9619699
Finland 3.9392405
Puerto_Rico 3.838145
Jamaica 3.8102934
Sweden 3.8042784
Slovakia 3.7038736
Australia 3.6711009
```

加勒比海国家有些令人惊讶，许多有关加拿大的新闻肯定与曲棍球有关，因为斯洛伐克和芬兰都列在名单上，除此之外还是显得合理的。

让我们换个角度，对一组国家的任意词语做一些排名。对于每个国家，我们将计算国家名称和想要排序的词语之间的距离。与该词语"更接近"的国家与这个词语更相关：

```
def rank_countries(term, topn=10, field='name'):
    if not term in model:
        return []
    vec = model[term]
    dists = np.dot(country_vecs, vec)
    return [(countries[idx][field], float(dists[idx]))
                for idx in reversed(np.argsort(dists)[-topn:])]
```

例如：

```
rank_countries('cricket')

[('Sri_Lanka', 5.92276668548584),
 ('Zimbabwe', 5.336524486541748),
 ('Bangladesh', 5.192488670349121),
 ('Pakistan', 4.948408126831055),
 ('Guyana', 3.9162840843200684),
 ('Barbados', 3.757995128631592),
 ('India', 3.7504401206970215),
 ('South_Africa', 3.6561498641967773),
 ('New_Zealand', 3.642028331756592),
 ('Fiji', 3.608567714691162)]
```

因为 Word2vec 模型是使用 Google 新闻训练的，所以排序器所反馈的一些国家几乎是近期新闻上与给定词汇最相关的。与斯里兰卡相比，印度可能更经常被提及到板球，但是印度也会被其他内容覆盖，斯里兰卡仍然可以胜出。

讨论

在具有投影到相同维度的不同类的成员的空间中，可以使用跨类距离作为相异性关系（affinity）的度量。Word2vec 并不完全代表概念空间（单词"Jordan"可以指河流、国家或个人)，但是它可以很好地根据各个概念的相关性对各国进行排名。

在构建推荐系统时，通常采用类似的方法。例如，对于 Netflix 面临的挑战，一种流行的策略是将电影的用户评级作为将用户和电影投影到共享空间的方法。然后，与用户接近的电影将可能被该用户评为高分。

如果有两个不相同的空间，我们能计算从一个空间到另一个空间的投影矩阵，则仍然可以使用这个技巧。如果我们有足够的候选项且知道它们在这两个空间的位置，这就是有可能的。

3.6 在地图上可视化国家数据

问题

如何在地图上可视化从实验中得到的国家排名？

解决方案

GeoPandas 是一个在地图上可视化数值数据的完美工具。

这个不错的库把 Pandas 的能力和地理原语结合起来，并且预装了几张地图。让我们加载世界地图：

```
world = gpd.read_file(gpd.datasets.get_path('naturalearth_lowres'))
world.head()
```

这给我们展示了一组国家的一些基本信息。我们可以基于 rank_countries 函数在 word 对象中添加一列：

```
def map_term(term):
    d = {k.upper(): v for k, v in rank_countries(term,
                                                 topn=0,
                                                 field='cc3')}
    world[term] = world['iso_a3'].map(d)
    world[term] /= world[term].max()
    world.dropna().plot(term, cmap='Or Rd')

map_term('coffee')
```

讨论

数据可视化是机器学习中的重要技术。能够查看可视化数据，无论是一些算法的输入还是结果，都使我们可以快速发现异常。

GeoPandas 建立在 Pandas 的通用数据处理能力之上，是分析地理编码信息的完美工具，我们将在第 6 章中看到更多有关内容。

第 4 章

基于维基百科外部链接构建
推荐系统

一般来说，推荐系统基于先前收集到的用户评级数据进行训练。我们想预测用户的评级，所以从历史评级开始自然就会感觉到很契合。然而，这要求我们在开始之前有相当多的评级数据，而在还没有评级的新项目上这将形成阻碍。此外，我们有意忽略了在这些数据项 (item) 上的元信息。

本章将介绍如何仅基于维基百科传出链接（outgoing link）构建一个简单的电影推荐系统。我们首先从维基百科中提取一个训练集，然后基于这些链接训练嵌入（embedding）。接着，将实现一个简单的 SVM 分类器进行推荐。最后，将研究如何使用新训练的嵌入来预测电影的评论分数。

本章中的代码可从以下 Python notebook 中找到：

```
04.1 Collect movie data from Wikipedia
04.2 Build a recommender system based on outgoing Wikipedia links
```

4.1 收集数据

问题

你希望获取一个特定领域的用于训练的数据集，如电影领域。

解决方案

解析维基百科,导出文件,仅提取与电影有关的页面。

 本技巧中的代码说明如何从维基百科中获取和提取训练数据。然而,下载和处理完整的导出文件将花费非常长的时间。notebook 文件夹的 data 目录中包含了预先提取的前 10 000 个电影,我们将在本章的余下部分使用,因此你不需要执行本技巧中的这些步骤。

让我们从下载维基百科最近的导出文件开始。你可以通过使用自己喜欢的浏览器轻松做到这一点。如果不需要最新的版本,可以选择一个你附近的镜像。你也可以用编程实现。下面是如何获得最新的导出页面文件的代码:

```
index = requests.get('https://dumps.wikimedia.org/backup-index.html').text
soup_index = BeautifulSoup(index, 'html.parser')
dumps = [a['href'] for a in soup_index.find_all('a')
            if a.has_attr('href') and a.text[:-1].isdigit()]
```

我们现在要遍历导出文件,寻找一个已经完成处理的最新的文件:

```
for dump_url in sorted(dumps, reverse=True):
    print(dump_url)
    dump_html = index = requests.get(
        'https://dumps.wikimedia.org/enwiki/' + dump_url).text
    soup_dump = BeautifulSoup(dump_html, 'html.parser')
    pages_xml = [a['href'] for a in soup_dump.find_all('a')
                if a.has_attr('href')
                and a['href'].endswith('-pages-articles.xml.bz2')]
    if pages_xml:
        break
    time.sleep(0.8)
```

注意在维基百科限速情况下会出现休眠等待。现在,让我们获取导出文件:

```
wikipedia_dump = pages_xml[0].rsplit('/')[-1]
url = url = 'https://dumps.wikimedia.org/' + pages_xml[0]
path = get_file(wikipedia_dump, url)
path
```

收到的导出文件是一个 bz2 压缩的 XML 文件。我们使用 sax 进行维基百科 XML 文件的解析。我们主要关注 <title> 和 <page> 标签,因此内容处理器如下所示:

```
class WikiXmlHandler(xml.sax.handler.ContentHandler):
    def __init__(self):
        xml.sax.handler.ContentHandler.__init__(self)
        self._buffer = None
        self._values = {}
        self._movies = []
        self._curent_tag = None

    def characters(self, content):
        if self._curent_tag:
            self._buffer.append(content)

    def startElement(self, name, attrs):
        if name in ('title', 'text'):
            self._curent_tag = name
            self._buffer = []

    def endElement(self, name):
        if name == self._curent_tag:
            self._values[name] = ' '.join(self._buffer)

        if name == 'page':
            movie = process_article(**self._values)
            if movie:
                self._movies.append(movie)
```

对于每个 `<page>` 标签，程序在 `self._values` 变量中存储标题和文本内容，对收集到的数据调用 `process_article` 进行处理。

尽管维基百科开始的时候是一个基于文件的超链接的百科，经过多年发展，已经发展出了更加结构化的数据导出文件。一种方式就是使页面链接到所谓的分类页面。这些链接发挥着标签的作用。电影 One Flew Over the Cuckoo's Nest 链接到了分类页面"1975 films"，因此我们知道这是一部 1975 年的电影。不幸的是，刚才得到的电影没有一个这样的分类页面。幸运的是有更好的方法：维基百科模板。

模板最初是为了确保包含相似信息的页面以相同的方式呈现该信息。"infobox"模板对于数据处理非常有用。它不仅包含一个可以适用于页面主题的键 / 值对，而且还包含了一个类型。"电影"就是类型之一，这使得提取全部电影的任务变得非常容易。

对于每一部电影，我们想提取名字和传出链接，还可以提取存储在信息框中的属性。mwparserfromhell 非常胜任维基百科解析方面的工作，其命名也很贴切：

```
def process_article(title, text):
    rotten = [(re.findall('\d\d?\d? %', p),
        re.findall('\d\.\d\/\d+|$', p), p.lower().find('rotten tomatoes'))
        for p in text.split('\n\n')]
    rating = next((((perc[0], rating[0]) for perc, rating, idx in rotten
        if len(perc) == 1 and idx > -1), (None, None))
    wikicode = mwparserfromhell.parse(text)
    film = next((template for template in wikicode.filter_templates()
                if template.name.strip().lower() == 'infobox film'),
                None)
    if film:
        properties = {param.name.strip_code().strip():
                        param.value.strip_code().strip()
                        for param in film.params
                        if param.value.strip_code().strip()
                        }
        links = [x.title.strip_code().strip()
                    for x in wikicode.filter_wikilinks()]
        return (title, properties, links) + rating
```

我们现在将 bzip 压缩的导出文件送入到解析器之中：

```
parser = xml.sax.make_parser()
handler = WikiXmlHandler()
parser.set Content Handler(handler)
for line in subprocess.Popen(['bzcat'],
                            stdin=open(path),
                            stdout=subprocess.PIPE).stdout:
  try:
    parser.feed(line)
  except StopIteration:
    break
```

最后保存结果，以便下次需要数据时，不需要再处理好几个小时：

```
with open('wp_movies.ndjson', 'wt') as fout:
  for movie in handler._movies:
    fout.write(json.dumps(movie) + '\n')
```

讨论

维基百科不仅是回答人类所有知识领域问题的海量资源库，它还是很多深度学习实验的起点。掌握如何解析导出的文件，提取相关的内容，对很多项目来讲都是十分有用的技巧。

---

13 GB 的导出文件下载量相当大。解析维基百科的标记语言有其自身的挑战：这些年来，这种语言已经不断地发展，但是似乎没有强大的底层设计。但是，通过使用今天的高速连接和一些可以帮助解析的伟大的开源库，这已经变得十分可行。

在很多情况下，维基百科 API 更加合适。维基百科的 REST 接口允许你用很多高效的方法进行搜索和查询，只获取你需要的文章。以这种方式获得所有电影将非常耗时，但是对于更小一些的领域，该方法则是一个可用的选择。

如果你最终需要为许多项目解析维基百科，那么首先将导出的文件导入到 Postgres 这样的数据库之中，就可以直接查询数据集了。

4.2 训练电影嵌入

问题

你如何使用实体间的链接数据生成诸如"如果你喜欢这个事物，你也可能对那个事物感兴趣"这样的建议呢？

解决方案

使用一些元信息训练嵌入作为连接器。本技巧使用前面的电影和从其中抽取到的链接。为了使数据集更小一些且噪声更少一点，我们仅使用由维基百科流行度确定的前 10 000 个电影。

我们使用传出链接作为连接器。这里的思想是链接向相同页面的电影是相似的。它们也许会有相同的导演或同样的风格。模型训练过程中不仅学到哪些电影是相似的，而且还会学到哪些链接是相似的。这种方式可以推理和发现链接到 1978 年的链接与链接到 1979 年的具有相似的意义，这一点反过来又有助于确定电影的相似性。

我们先计数传出链接，将其作为一个快速的方法来看看我们认为的是否合理：

```
link_counts = Counter()
for movie in movies:
```

```
    link_counts.update(movie[2])
link_counts.most_common(3)

[(u'Rotten Tomatoes', 9393),
 (u'Category:English-language films', 5882),
 (u'Category:American films', 5867)]
```

我们模型的任务是检测电影的维基百科页面是否能找到特定的链接，因此我们需要向模型输入一些标识好的匹配和不匹配的例子。我们只保留出现至少三次的链接，建立一个列表存放有效的（link, movie）对，用于后面快速查找。我们顺便把同样的东西作为集合，也便于后续查找：

```
top_links = [link for link, c in link_counts.items() if c >= 3]
link_to_idx = {link: idx for idx, link in enumerate(top_links)}
movie_to_idx = {movie[0]: idx for idx, movie in enumerate(movies)}
pairs = []
for movie in movies:
    pairs.extend((link_to_idx[link], movie_to_idx[movie[0]])
                 for link in movie[2] if link in link_to_idx)
pairs_set = set(pairs)
```

现在，我们可以介绍模型了。从原理上讲，我们把 link_id 和 movie_id 作为数字，并将它们输入到各自的嵌入层中。嵌入层将为每个可能的输入分配一个 embedding_size 大小的向量。然后我们将这两个向量的点积设为模型的输出。该模型将学习权重，使得该点积接近于标签。然后，这些权重将电影和链接映射到一个空间中，使得类似的电影最终处于相似的位置：

```
def movie_embedding_model(embedding_size=30):
    link = Input(name='link', shape=(1,))
    movie = Input(name='movie', shape=(1,))
    link_embedding = Embedding(name='link_embedding',
        input_dim=len(top_links), output_dim=embedding_size)(link)
    movie_embedding = Embedding(name='movie_embedding',
        input_dim=len(movie_to_idx), output_dim=embedding_size)(movie)
    dot = Dot(name='dot_product', normalize=True, axes=2)(
        [link_embedding, movie_embedding])
    merged = Reshape((1,))(dot)
    model = Model(inputs=[link, movie], outputs=[merged])
    model.compile(optimizer='nadam', loss='mse')
    return model

model = movie_embedding_model()
```

我们使用生成器向模型输入数据。该生成器产生一些由正例和反例组成的批次数据。

我们从 (link, movie) 对数组中采集正例，然后再填入反例。反例随机抽取，并确保不在 pairs_set 之中。然后，我们以神经网络期望的格式返回输入 / 输出元组数据。

```python
def batchifier(pairs, positive_samples=50, negative_ratio=5):
    batch_size = positive_samples * (1 + negative_ratio)
    batch = np.zeros((batch_size, 3))
    while True:
        for idx, (link_id, movie_id) in enumerate(
                random.sample(pairs, positive_samples)):
            batch[idx, :] = (link_id, movie_id, 1)
        idx = positive_samples
        while idx < batch_size:
            movie_id = random.randrange(len(movie_to_idx))
            link_id = random.randrange(len(top_links))
            if not (link_id, movie_id) in pairs_set:
                batch[idx, :] = (link_id, movie_id, -1)
                idx += 1
        np.random.shuffle(batch)
        yield {'link': batch[:, 0], 'movie': batch[:, 1]}, batch[:, 2]
```

然后训练模型：

```python
positive_samples_per_batch=512

model.fit_generator(
    batchifier(pairs,
               positive_samples=positive_samples_per_batch,
               negative_ratio=10),
    epochs=25,
    steps_per_epoch=len(pairs) // positive_samples_per_batch,
    verbose=2
    )
```

训练时间取决于你的硬件，但是如果以 10 000 个电影的数据集开始训练，即使在没有 GPU 加速的便携电脑上，训练时间也会非常短。

通过获取 movie_embedding 层的权值，可以从模型中抽取电影的嵌入。我们对其进行归一化处理，以便可以使用点积作为余弦相似性的近似：

```python
movie = model.get_layer('movie_embedding')
movie_weights = movie.get_weights()[0]
lens = np.linalg.norm(movie_weights, axis=1)
normalized = (movie_weights.T / lens).T
```

现在让我们来看看嵌入是否有意义：

```
def neighbors(movie):
    dists = np.dot(normalized, normalized[movie_to_idx[movie]])
    closest = np.argsort(dists)[-10:]
    for c in reversed(closest):
        print(c, movies[c][0], dists[c])

neighbors('Rogue One')

29 Rogue One 0.9999999
3349 Star Wars: The Force Awakens 0.9722805
101 Prometheus (2012 film) 0.9653338
140 Star Trek Into Darkness 0.9635347
22 Jurassic World 0.962336
25 Star Wars sequel trilogy 0.95218825
659 Rise of the Planet of the Apes 0.9516557
62 Fantastic Beasts and Where to Find Them (film) 0.94662267
42 The Avengers (2012 film) 0.94634
37 Avatar (2009 film) 0.9460137
```

讨论

嵌入是一项有用的技术，其用途不仅仅局限于单词方面。本技巧中，我们训练了一个简单的神经网络，生成了结果合理的电影嵌入。任何时候存在项目之间的连接时，我们都可以使用它。在本例中，我们使用维基百科传出链接，但我们也可以使用传入链接（incomming link）或出现在页面上的单词。

我们在这里训练的模型非常简单。我们所做的就是提供一个嵌入空间，以便用电影的矢量和链接的矢量的组合预测它们是否会同时出现。这使得神经网络将电影映射到一个空间，其中类似的电影最终处于相似的位置。我们可以利用这个空间找到类似的电影。

在 Word2vec 模型中，我们利用单词的上下文预测单词。在本技巧的例子中，我们没有使用链接的上下文。对于传出链接这看起来并不太有用，但如果我们使用传入链接它可能会很有意义。链接到电影的页面以某种顺序这么做，我们则可以利用链接的上下文提升嵌入效果。

或者，可以使用实际的 Word2vec 代码，在任何链接到电影的页面上运行它，但是将到电影的链接保留为特殊标记。这将创建一个电影和文字混合的嵌入空间。

4.3 构建电影推荐系统

问题

如何基于嵌入建立一个推荐系统呢?

解决方案

使用支持向量机从反例项中分离出正例项。

前面的技巧让我们对电影聚类,给出如"如果你喜欢 Rogue One,你可以看一下 Interstellar"的建议。在典型的推荐系统中,我们想基于用户已经评价的一系列电影给出建议。如第 3 章所做的那样,我们可以使用 SVM。我们从 2015 年 Rolling Stone 提取最佳和最差的电影,并且假设这就是用户的评级:

```
best = ['Star Wars: The Force Awakens', 'The Martian (film)',
        'Tangerine (film)', 'Straight Outta Compton (film)',
        'Brooklyn (film)', 'Carol (film)', 'Spotlight (film)']
worst = ['American Ultra', 'The Cobbler (2014 film)',
         'Entourage (film)', 'Fantastic Four (2015 film)',
         'Get Hard', 'Hot Pursuit (2015 film)', 'Mortdecai (film)',
         'Serena (2014 film)', 'Vacation (2015 film)']
y = np.asarray([1 for _ in best] + [0 for _ in worst])
X = np.asarray([normalized_movies[movie_to_idx[movie]]
                for movie in best + worst])
```

构建和训练一个简单的 SVM 分类器非常容易:

```
clf = svm.SVC(kernel='linear')
clf.fit(X, y)
```

我们现在可以在数据集中的所有电影上运行新的分类器,并打印最好和最差的五个:

```
estimated_movie_ratings = clf.decision_function(normalized_movies)
best = np.argsort(estimated_movie_ratings)
print('best:')
for c in reversed(best[-5:]):
    print(c, movies[c][0], estimated_movie_ratings[c])
print('worst:')
for c in best[:5]:
```

```
        print(c, movies[c][0], estimated_movie_ratings[c])
best:
(6870, u'Goodbye to Language', 1.24075226186855)
(6048, u'The Apu Trilogy', 1.2011876298842317)
(481, u'The Devil Wears Prada (film)', 1.1759994747169913)
(307, u'Les Mis\xe9rables (2012 film)', 1.1646775074857494)
(2106, u'A Separation', 1.1483743944891462)
worst:
(7889, u'The Comebacks', -1.5175929012505527)
(8837, u'The Santa Clause (film series)', -1.4651252650867073)
(2518, u'The Hot Chick', -1.464982008376793)
(6285, u'Employee of the Month (2006 film)', -1.4620595013243951)
(7339, u'Club Dread', -1.4593221506016203)
```

讨论

如前面章节所见，我们可以使用支持向量机构建分类器，实现两类划分。本
例中，我们使用前面训练的嵌入来区分好电影和差电影。

既然 SVM 可以找到一个或多个将"差"的样本与"好"的样本分开的超平面，
我们可以使用这一点实现一个个性化的功能——位于右侧且距离分离超平面
最远的电影是最受欢迎的电影。

4.4 预测简单的电影属性

问题

你希望预测简单的电影属性，比如烂番茄评级。

解决方案

在嵌入模型学习到的向量上使用线性回归模型预测电影的属性。

让我们尝试进行烂番茄评级。幸运的是，它们已经存在于我们的数据中，以
字符串 N% 格式存储在 movie[-2] 中。

```
rotten_y = np.asarray([float(movie[-2][:-1]) / 100
                       for movie in movies if movie[-2]])
rotten_X = np.asarray([normalized_movies[movie_to_idx[movie[0]]]
                       for movie in movies if movie[-2]])
```

这使我们得到了大约一半电影的数据。让我们训练前面 80% 的数据：

```
TRAINING_CUT_OFF = int(len(rotten_X) * 0.8)
regr = Linear Regression()
regr.fit(rotten_X[:TRAINING_CUT_OFF], rotten_y[:TRAINING_CUT_OFF])
```

现在，让我们看看模型在剩下 20% 的数据上的表现：

```
error = (regr.predict(rotten_X[TRAINING_CUT_OFF:]) -
         rotten_y[TRAINING_CUT_OFF:])
'mean square error %2.2f' % np.mean(error ** 2)

mean square error 0.06
```

这看起来确实不错！但是，尽管这证明了线性回归非常有效，但我们的数据中有一个问题使预测烂番茄的分数更加容易：我们一直在使用排名前 10 000 位的电影进行训练。然而受欢迎的电影并非总是更好，平均来说，它们能得到更好的评分。

我们可以通过比较预测结果和预测平均得分来了解所达到的水平：

```
error = (np.mean(rotten_y[:TRAINING_CUT_OFF]) - rotten_y[TRAINING_CUT_OFF:])
'mean square error %2.2f' % np.mean(error ** 2)

'mean square error 0.09'
```

模型确实执行得不错，但是底层的数据使得得到这个合理的结果非常容易。

讨论

复杂的问题经常需要复杂的解决方案，深度学习肯定可以给我们这些。然而，从简单的事情开始通常是一个好的方法。这允许我们快速开始工作，让我们了解是否在正确的方向上：如果简单的模型不能产生任何有用的结果，那么复杂的模型也不可能有效，然而如果简单的模型可以工作，复杂的模型就有机会帮助我们实现更好的结果。

线性回归模型本来就很简单。该模型试图找到一组因子，使得这些因子和向量的线性组合尽可能接近目标值。与大多数机器学习模型相比，这些模型好的一面是我们可以真实地看到每个因子的贡献度。

第 5 章

按照示例文本的风格生成文本

本章我们将学习如何使用循环神经网络（RNN）根据文本风格生成文本。这种方法可以制作有趣的示例。人们已经使用这类神经网络生成从婴儿名字到颜色描述的各种事物。这些示例是熟悉循环神经网络的不错的方法。RNN 也有其实际的应用——在本书的后面我们将使用它训练聊天机器人以及基于收集到的播放列表建立音乐推荐系统，RNN 还应用在视频中的物体跟踪方面。

循环神经网络是一类善于处理时间或序列的神经网络。我们首先了解一下作为免费图书来源的古腾堡计划，然后使用一些简单的代码下载和收集威廉·莎士比亚的作品。接着，通过下载的文本训练神经网络，使用 RNN 生成类似莎士比亚风格的文本（如果你不仔细看的话）。然后，我们将在 Python 代码上再次使用这个技巧，看看其输出如何改变。最后，由于 Python 代码具有可预测的结构，我们可以查看哪些神经元对哪些代码位进行了激发，并对 RNN 的工作进行可视化。

本章的代码可从以下的 Python notebook 中找到：

```
05.1 Generating Text in the Style of an Example Text
```

5.1 获取公开领域书籍文本

问题

你希望下载一些公开领域书籍的全部文本来训练模型。

解决方案

使用古腾堡计划的 Python API。

古腾堡计划包含 5000 多部书籍的完整文本。有一个方便的 Python API 可以用于浏览和下载这些书籍。如果我们知道书籍的 ID，可以下载任何书籍：

```
shakespeare = load_etext(100)
shakespeare = strip_headers(shakespeare)
```

我们通过浏览网站并从书籍的 URL 中提取或者在 *http://www.gutenberg.org/* 网址上使用作者或标题进行查询，就能获得书籍的 ID。然而，在我们可以查询之前，需要进行元信息缓存。这将为所有书籍创建可用的本地数据库。这需要一点时间，但只需要执行一次：

```
cache = get_metadata_cache()
cache.populate()
```

现在，我们可以查看莎士比亚的所有作品了：

```
for text_id in get_etexts('author', 'Shakespeare, William'):
    print(text_id, list(get_metadata('title', text_id))[0])
```

讨论

古腾堡计划是一个对书籍进行数字化的志愿项目。它致力于制作美国超过版权期的重要的英文书籍，也包括一些其他语言的书籍。该项目由迈克尔·哈特于 1971 年开始，远远早于万维网的发明。

1923 年以前在美国出版的任何作品都属于公共领域，所以古腾堡计划收藏的大多数书籍都比这要古老。这意味着，其中的语言可能有些过时，但对于自然语言处理，该集合仍然是很棒的训练数据源。通过 Python API 访问不但使获取变得容易，同时也在遵循站点为自动下载文本设置的限制。

5.2 生成类似莎士比亚的文本

问题

如何生成特定领域的文本？

解决方案

使用字符级别的 RNN。

我们开始收集莎士比亚的作品集。我们去掉诗的部分,剩下更加一致的剧本集。这些诗歌正好收录在第一篇:

```
shakespeare = strip_headers(load_etext(100))
plays = shakespeare.split('\nTHE END\n', 1)[-1]
```

我们将以逐个字符的方式送入文本,使用独热编码方式对每个字符进行编码——也就是说每个字符编码为一个向量,该向量包含 1 个 1,其他全是 0。因此,我们需要知道将要遇到哪些字符:

```
chars = list(sorted(set(plays)))
char_to_idx = {ch: idx for idx, ch in enumerate(chars)}
```

让我们创建模型,它将输入一个字符序列,预测一个字符序列。我们将序列送入执行该任务的多个 LSTM 层。

时间分布层(Time Distributed layer)让我们的模型再次输出序列:

```
def char_rnn_model(num_chars, num_layers, num_nodes=512, dropout=0.1):
    input = Input(shape=(None, num_chars), name='input')
    prev = input
    for i in range(num_layers):
        prev = LSTM(num_nodes, return_sequences=True)(prev)
    dense = TimeDistributed(Dense(num_chars, name='dense',
                                  activation='softmax'))(prev)
    model = Model(inputs=[input], outputs=[dense])
    optimizer = RMSprop(lr=0.01)
    model.compile(loss='categorical_crossentropy',
                  optimizer=optimizer, metrics=['accuracy'])
    return model
```

我们从剧本里随机选择一些文本段输入神经网络,因此 1 个生成器似乎就可以了。这个生成器将生成序列对,这里的序列对只是分开的字符:

```
def data_generator(all_text, num_chars, batch_size):
    X = np.zeros((batch_size, CHUNK_SIZE, num_chars))
    y = np.zeros((batch_size, CHUNK_SIZE, num_chars))
    while True:
        for row in range(batch_size):
```

```
            idx = random.randrange(len(all_text) - CHUNK_SIZE - 1)
            chunk = np.zeros((CHUNK_SIZE + 1, num_chars))
            for i in range(CHUNK_SIZE + 1):
                chunk[i, char_to_idx[all_text[idx + i]]] = 1
            X[row, :, :] = chunk[:CHUNK_SIZE]
            y[row, :, :] = chunk[1:]
        yield X, y
```

现在训练模型。我们设置 `steps_per_epoch`，让每个字符都有很多机会被神经网络看到：

```
model.fit_generator(
    data_generator(plays, len(chars), batch_size=256),
    epochs=10,
    steps_per_epoch=2 * len(plays) / (256 * CHUNK_SIZE),
    verbose=2
)
```

训练之后可以生成一些输出。我们从剧本中随机选择一个片段，然后让网络模型预测下一个字符是什么。接着，我们在片段上增加下一个字符，不断地进行预测，直到达到要求的字符数量：

```
def generate_output(model, start_index=None, diversity=1.0, amount=400):
    if start_index is None:
        start_index = random.randint(0, len(plays) - CHUNK_SIZE - 1)
    fragment = plays[start_index: start_index + CHUNK_SIZE]
    generated = fragment
    for i in range(amount):
        x = np.zeros((1, CHUNK_SIZE, len(chars)))
        for t, char in enumerate(fragment):
            x[0, t, char_to_idx[char]] = 1.
        preds = model.predict(x, verbose=0)[0]
        preds = np.asarray(preds[len(generated) - 1])
        next_index = np.argmax(preds)
        next_char = chars[next_index]

        generated += next_char
        fragment = fragment[1:] + next_char
    return generated

for line in generate_output(model).split('\n'):
    print(line)
```

10 代之后，我们会看到一些会让我们联想起莎士比亚的文本，但是我们需要大约 30 代后，它才开始看起来可以糊弄一个不怎么细心的读者：

```
FOURTH CITIZEN. They were all the summer hearts.
```

```
    The King is a virtuous mistress.
CLEOPATRA. I do not know what I have seen him damn'd in no man
    That we have spoken with the season of the world,
    And therefore I will not speak with you.
    I have a son of Greece, and my son
    That we have seen the sea, the seasons of the world
    I will not stay the like offence.

OLIVIA. If it be aught and servants, and something
    have not been a great deal of state)) of the world, I will not stay
    the forest was the fair and not by the way.
SECOND LORD. I will not serve your hour.
FIRST SOLDIER. Here is a princely son, and the world
    in a place where the world is all along.
SECOND LORD. I will not see thee this:
    He hath a heart of men to men may strike and starve.
    I have a son of Greece, whom they say,
    The whiteneth made him like a deadly hand
    And make the seasons of the world,
    And then the seasons and a fine hands are parted
    To the present winter's parts of this deed.
    The manner of the world shall not be a man.
    The King hath sent for thee.
    The world is slain.
```

有点可疑的是 Cleopatra 和 Second Lord (二世主) 都有一个叫 Greece 的儿子。但是这个冬天和世界将灭亡都与 Game of Thrones (权利的游戏) 匹配。

讨论

在本技巧中，我们看到如何使用 RNN 以一定的风格生成文本。特别是考虑到字符级模型这个事实，结果令人十分信服。归功于 LSTM 的体系结构，神经网络能够学习跨度相当大的序列关系——不仅是单词，还有句子，甚至是莎士比亚戏剧布局的基本结构。

尽管这里的例子不是十分实际，但是 RNN 可以很实用。任何时候当我们需要神经网络学习序列，RNN 是一个不错的选择。

在其他一些玩具级的 app 中，人们已经使用这个技术生成婴儿名字、绘画颜色名字，甚至是一些食谱。

在一些开放数据集训练后，更实用的 RNN 可以用来预测用户在智能手机键盘要键入的下一个字符，或者预测国际象棋游戏中在一组空缺处的下一个动作。

这种类型的网络也可以用来预测像天气模式，甚至股票市场价格这类序列。

然而，循环网络会反复无常。对网络体系结构看似小的改变可能出现由于所谓的梯度爆炸问题而不再收敛的情况。有时，在训练期间，经过多代之后，网络似乎崩溃了，并开始忘记它所学到的东西。和前面一样，最好从一些简单的事情开始，逐步增加复杂性，同时跟踪发生了什么变化。

对 RNN 更深入一些的讨论请参阅第 1 章。

5.3 使用 RNN 编写代码

问题

如何使用神经网络生成 Python 代码？

解决方案

使用 Python 代码训练一个循环神经网络，代码上带有你所运行脚本的 Python 分布。

对于本技巧，我们实际上可以使用与前面技巧中一样的模型。与常见的深度学习例子一样，关键是获取数据。Python 自身带有大量源代码模块。它们存储在 *random.py* 模块所在的目录之中，我们可以使用它们：

```
def find_python(rootdir):
    matches = []
    for root, dirnames, filenames in os.walk(rootdir):
        for fn in filenames:
            if fn.endswith('.py'):
                matches.append(os.path.join(root, fn))

    return matches
srcs = find_python(random.__file__.rsplit('/', 1)[0])
```

像在上一个技巧中一样，我们接着可以读入所有源文件，将这些源文件合并到一个文档，开始生成新的代码片段。这就可以很好地工作了。但当生成代码片段时，十分明显的是很大一部分 Python 源代码实际上是英语。英语以注释和字符串内容的形式出现在代码中。我们希望模型学习 Python，而不是英语。

删除评论是非常容易实现的：

```
COMMENT_RE = re.compile('#.*')
src = COMMENT_RE.sub('', src)
```

删除字符串的内容涉及的略微更多一些。有些字符串包含有用的模式，而不是英语。作为一个粗略的规则，我们将使用"MSG"替换任何有超过 6 个字母和至少一个空格的文本。

```
def replacer(value):
    if ' ' in value and sum(1 for ch in value if ch.isalpha()) > 6:
        return 'MSG'
    return value
```

可以用正则表达式简洁地查找字符串文字。正则表达式执行相当缓慢，而且我们又有大量的代码需要正则表达式处理。在这种情况下，最好只扫描字符串：

```
def replace_literals(st):
    res = []
    start_text = start_quote = i = 0
    quote = ''
    while i < len(st):
        if quote:
            if st[i: i + len(quote)] == quote:
                quote = ''
                start_text = i
                res.append(replacer(st[start_quote: i]))
        elif st[i] in '"\'':
            quote = st[i]
            if i < len(st) - 2 and st[i + 1] == st[i + 2] == quote:
                quote = 3 * quote
            start_quote = i + len(quote)
            res.append(st[start_text: start_quote])
        if st[i] == '\n' and len(quote) == 1:
            start_text = i
            res.append(quote)
            quote = ''
        if st[i] == '\\':
            i += 1
        i += 1
    return ''.join(res) + st[start_text:]
```

即使通过这种方式处理数据，我们最终还是得到了数兆字节的纯 Python 代码。我们现在可以像以前一样，不过是使用 Python 代码而不是剧本训练这个模型。经过 30 代左右，我们就得到了可以工作的用来生成代码的神经网络。

讨论

对于神经网络来讲，生成 Python 代码并不比写一个莎士比亚风格的剧本更难。我们已经看到对输入数据进行清洗是神经网络数据处理的一个重要方面。本例中，我们确保将英语从源代码中删除。这种方法让神经网络可以集中精力学习 Python 代码，而不会分配一些神经元学习英语而受到干扰。

我们可以进一步规范输入。例如，我们可以先通过一个"优质的打印机"来传输所有的源代码，这样所有的源代码都具有相同的布局，我们的网络可以专注于学习它，而不是学习当前代码中的多样性。更进一步的做法是使用内置的标记解析器对 Python 代码进行解析，然后让神经网络学习这个解析版本，并使用 untokenize 生成代码。

5.4 控制输出温度

问题

希望控制生成代码的可变因素。

解决方案

使用预测值作为概率分布，而不是选取最高值。

在莎士比亚的例子中，我们选取预测值最高的字符。这种方法以模型的最大可能性确定输出。缺点则是对于每次开始都给出相同的输出。因为我们随机选取了莎士比亚真实作品文本的一个开始序列，这其实也不太重要。但是，如果我们生成 Python 函数，它会总以相同的方式开始，也就是 /ndef。看一下不同的解决方案。

这个神经网络的预测值是采用 softmax 激活函数的结果，可以看作是一个概率分布。因此，与其选取最大值，不如使用 numpy.random.multinomial 为我们给出答案。multinomial 执行 n 次试验，获得输出结果的可能性。通过使 $n=1$ 执行该函数，我们得到了期望的结果。

在如何得出结果方面，我们在此介绍温度的概念。其思想是温度越高，结果就越随机，而温度越低，结果就越接近我们之前看到的纯确定性结果。我们通过相应地缩放预测值的对数，然后再次应用 softmax 函数来恢复概率。将这些放在一起，我们得到：

```python
def generate_code(model, start_with='\ndef ',
                  end_with='\n\n', diversity=1.0):
    generated = start_with
    yield generated
    for i in range(2000):
        x = np.zeros((1, len(generated), len(chars)))
        for t, char in enumerate(generated):
            x[0, t, char_to_idx[char]] = 1.
        preds = model.predict(x, verbose=0)[0]

        preds = np.asarray(preds[len(generated) - 1]).astype('float64')
        preds = np.log(preds) / diversity
        exp_preds = np.exp(preds)
        preds = exp_preds / np.sum(exp_preds)
        probas = np.random.multinomial(1, preds, 1)
        next_index = np.argmax(probas)
        next_char = chars[next_index]
        yield next_char
        generated += next_char

        if generated.endswith(end_with):
            break
```

我们终于有了一些有趣的结果。当 diversity=1.0 时，我们生成了下面的代码。除了 val 和 value 的混淆外，注意模型生成了 "MSG" 占位符。我们几乎得到了可以执行的结果：

```python
def _calculate_ratio(val):
    """MSG"""
    if value and value[0] != 'O':
        raise errors.Header Parse Error(
            "MSG".format(Storable))
    return value
```

讨论

使用 softmax 激活函数的输出作为一个概率分布，允许我们获得一个与模型"意图"相对应的多样化结果。其附加的价值是允许我们引入温度的概念，以便控制结果的"随机"程度。在第 13 章，我们将研究变分自编码器如何使用类似的技术控制其生成内容的随机程度。

如果我们不关注细节的话，生成的 Python 代码肯定可以通过。进一步对结果进行改进的方法是在生成的代码上调用编译函数，并只保留编译通过的代码。这样我们就可以确保它至少在语法上是正确的。这种方法的一个小小改进是不再会在语法错误上重新开始，而是丢弃错误发生的行和其后面的内容，然后再尝试一次。

5.5 可视化循环神经网络的活跃程度

问题

如何观察循环神经网络正在做什么呢？

解决方案

当它们处理文本时，从神经元中提取激活情况。因为我们将对神经元进行可视化，所以减少它们的数量是有意义的。这将降低一点模型的性能，但是会使事情变得简单：

```
flat_model = char_rnn_model(len(py_chars), num_layers=1, num_nodes=512)
```

这个模型简单一些，得到准确率低一点的结果，但对于可视化来讲是足够的。Keras 有一个称作 function 的比较方便的方法，允许我们指定 1 个输入层和 1 个输出层，然后根据从输入层转换到输出层需要，执行网络的任何部分。下面的函数为神经网络提供文本（一个字符序列），并得到指定层返回的激活情况：

```
def activations(model, code):
    x = np.zeros((1, len(code), len(py_char_to_idx)))
    for t, char in enumerate(code):
        x[0, t, py_char_to_idx[char]] = 1.
    output = model.get_layer('lstm_3').output
    f = K.function([model.input], [output])
    return f([x])[0][0]
```

现在的问题是查看哪些神经元。即使是我们简化的模型也有 512 个神经元。LSTM 的激活数值在 –1 和 1 之间，因此一个简单的方法就是选取与每个字符对应的最高的值。这将通过 np.argmax(act, axis=1) 完成。我们使用如下代码对这些神经元进行可视化：

```
img = np.full((len(neurons) + 1, len(code), 3), 128)
scores = (act[:, neurons].T + 1) / 2
img[1:, :, 0] = 255 * (1 - scores)
img[1:, :, 1] = 255 * scores
```

这会产生一个小幅的位图。我们放大该位图并在顶部打印代码，得到如下结果：

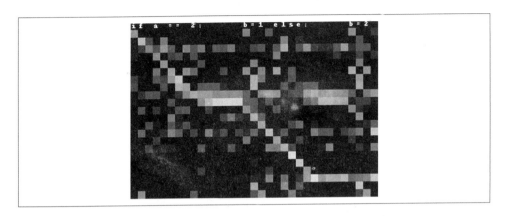

这看起来非常有趣。顶部神经元似乎跟踪新语句的开始。部分灰色的条块表示的神经元跟踪空格，但是目前仅用于缩进。最后一个或倒数第二个神经元似乎在 = 号出现的地方激活，而不是在 == 号出现的地方激活，这表明神经网络学习掌握了赋值和相等的区别。

讨论

深度学习模型可能非常有效，但是它们的结果却非常难以解释。我们或多或少地理解了一些训练和推理的机制，但是除了指向实际计算外，对一个具体的结果解释往往非常困难。可视化激活情况是一种稍微了解一下网络已经学习到了什么的方法。

快速看一下每个字符对应最高激活值的神经元，我们找到了一些可能感兴趣的神经元。或者可以明确地寻找在特定环境下激发的神经元，例如括号内激发的神经元。

如果对特定的神经元感兴趣，我们可以使用同样的着色技术突出显示更大的代码块。

第 6 章

问题匹配

目前，我们已经看到了一些示例，用以说明如何构建和使用词嵌入 (word embedding) 来比较词（term）。我们很自然会想问，应该如何将这种思路应用到更大的文本块上。可以创建整个句子或段落的语义嵌入吗？在本章中，我们将尝试如下做法：使用来自 Stack Exchange 网站的数据来构建整个问题的嵌入；使用这些嵌入来查找类似的文档或问题。

首先，我们从互联网档案馆网站下载并解析训练数据。然后，我们将简要地探讨 Pandas 如何帮助分析这些数据。当完成数据特征化和为任务构建模型时，我们会让 Keras 来做这些繁重的工作。之后，我们将研究如何从 Pandas DataFrame 中为此模型提供数据，以及如何运行它以获得分析结论。

本章的代码可从以下 Python notebook 中找到：

```
06.1 Question matching
```

6.1 从 Stack Exchange 网站获取数据

问题

你需要获取大量的问题数据以启动训练。

解决方案

使用互联网档案馆网站来检索转储的问题。

在互联网档案馆网站上，可以免费使用 Internet Exchange（*https://archive.org/ details/stackexchange*）进行数据转储，互联网档案馆网站中存储了许多有趣的数据集（同时还努力提供整个 Web 的存档）。各类数据在 Stack Exchange 上的不同区域均有一个 ZIP 压缩文件（例如旅行、科幻等）。现在，下载有关旅行的文件：

```
xml_7z = utils.get_file(
    fname='travel.stackexchange.com.7z',
    origin=('https://ia800107.us.archive.org/27/'
            'items/stackexchange/travel.stackexchange.com.7z'),
)
```

严格来说，输入数据是一个 XML 文件，但是其结构足够简单，使得我们只需要读取单独的行并拆分字段。当然，这样的处理方法有些弱（brittle）。因此，我们将限制处理的数据数量，仅处理来自数据集的 100 万条记录。这样既可以防止过度消耗内存，又可以有足够的数据满足使用。将处理后的数据保存为 JSON 文件，方便下次使用：

```
def extract_stackexchange(filename, limit=1000000):
    json_file = filename + 'limit=%s.json' % limit

    rows = []
    for i, line in enumerate(os.popen('7z x -so "%s" Posts.xml'
                                      % filename)):
        line = str(line)
        if not line.startswith('  <row'):
            continue

        if i % 1000 == 0:
            print('\r%05d/%05d' % (i, limit), end='', flush=True)

        parts = line[6:-5].split('"')
        record = {}
        for i in range(0, len(parts), 2):
            k = parts[i].replace('=', '').strip()
            v = parts[i+1].strip()
            record[k] = v
        rows.append(record)

        if len(rows) > limit:
            break

    with open(json_file, 'w') as fout:
        json.dump(rows, fout)

    return rows
```

```
rows = download_stackexchange()
```

讨论

Stack Exchange 数据集是一个很好的问答数据源，并且带有一个很棒的重用
许可（reuse license），只要你给出数据属性，基本上就可以用任何你需要的方
式使用它。将压缩的 XML 文件转换为更易于使用的 JSON 格式是一个很好的
预处理步骤。

6.2 使用 Pandas 探索数据

问题

如何快速探索大型数据集，以确保它包含你所期望的内容？

解决方案

使用 Python 的 Pandas。

Pandas 是一个强大的 Python 数据处理框架。在某些方面，它可以与电子表格
（spreadsheet）相媲美。数据存储在行和列中，我们可以快速地对数据记录进行过
滤、转换和聚合。首先，从将 Python 字典中的行转换为 DataFrame 开始。Pan-
das 会试图 "猜测" 一些列的类型。我们会将所关注的列强制转换为正确的格式：

```
df = pd.DataFrame.from_records(rows)
df = df.set_index('Id', drop=False)
df['Title'] = df['Title'].fillna('').astype('str')
df['Tags'] = df['Tags'].fillna('').astype('str')
df['Body'] = df['Body'].fillna('').astype('str')
df['Id'] = df['Id'].astype('int')
df['PostTypeId'] = df['PostTypeId'].astype('int')
```

现在，可以使用 df.head 看一下数据库中发生了什么。

还可以使用 Pandas 来快速查看数据中的热门问题：

```
list(df[df['ViewCount'] > 2500000]['Title'])

['How to horizontally center a &lt;div&gt; in another &lt;div&gt;?',
```

```
'What is the best comment in source code you have ever encountered?',
'How do I generate random integers within a specific range in Java?',
'How to redirect to another webpage in JavaScript/jQuery?',
'How can I get query string values in JavaScript?',
'How to check whether a checkbox is checked in jQuery?',
'How do I undo the last commit(s) in Git?',
'Iterate through a HashMap',
'Get selected value in dropdown list using JavaScript?',
'How do I declare and initialize an array in Java?']
```

你可能已经猜到了，最受欢迎的问题是有关常用语言的一般性问题。

讨论

对于各种类型的数据分析来说，Pandas 是一个很好的工具，无论你是只想大致查看一下数据，还是想要进行深入分析。尝试将 Pandas 用于许多任务听起来可能很诱人，但遗憾的是 Pandas 接口并不稳定，并且对于复杂的操作，其性能可能比使用真实数据库要糟糕得多。请注意，相较于使用 Python 字典，在 Pandas 中进行查找的代价要大很多。

6.3 使用 Keras 对文本进行特征化

问题

如何在文本中快速创建特征向量？

解决方案

使用 Keras 中的 `Tokenizer` 类。

在我们向模型中输入文本之前，需要将文本转换为特征向量。一种常用的方法是为文本中的前 N 个单词中的每个单词分配一个整数，然后用整数替换每个单词。Keras 让这一过程变得十分简单易行：

```
from keras.preprocessing.text import Tokenizer
VOCAB_SIZE = 50000

tokenizer = Tokenizer(num_words=VOCAB_SIZE)
tokenizer.fit_on_texts(df['Body'] + ' ' + df['Title'])
```

现在，让我们切分整个数据集的标题、正文：

```
df['title_tokens'] = tokenizer.texts_to_sequences(df['Title'])
df['body_tokens'] = tokenizer.texts_to_sequences(df['Body'])
```

讨论

通过使用切分器（tokenizer）将文本转换为一系列数字，是使神经网络可以处理文本的经典方法之一。在上一章中，我们实现了基于字符的文本转换。基于字符的模型将单个字符作为输入，从而无须使用切分器。对于是否使用本章的方法，你需要权衡的是训练一个模型的时长：因为你在迫使模型学习如何切分单词和提取词干，所以会需要更多的训练数据和更长的时间。

基于逐个单词转换文本的缺点之一是，文本中可能出现的不同单词的数量是没有上限的，特别是我们必须处理拼写错误时。在这个方法中，我们只关注出现频次为前 50 000 的单词，这是解决上述问题的方法之一。

6.4 构建问答模型

问题

如何计算问题的嵌入？

解决方案

训练一个模型，预测 Stack Exchange 数据集中的某个问题与某个答案是否匹配。

在构建模型时，应该问的第一个问题就是："我们的目标是什么？"也就是说，模型试图分类的是什么？

理想情况下会有一系列"与此类似的问题"，我们可以使用它们来训练模型。但令人遗憾的是，获得这样的数据集的代价很大！因此，我们将寻求一个替代目标：看看是否可以训练模型，实现在给定的问题下区分匹配的答案和随机问题的答案。这将驱动模型更好地学习标题和正文之间关系的表示。

首先定义输入以开始构建模型。在上述情况下，我们有两个输入——标题（问题）和正文（答案）：

```
title = layers.Input(shape=(None,), dtype='int32', name='title')
```

```
body = layers.Input(shape=(None,), dtype='int32', name='body')
```

标题和正文均有可变的长度，所以我们必须填充它们。每个字段的数据都将
是一列整数，每个整数代表标题或者正文中的单词。

现在，我们定义一个共享的多层神经网络，将两个输入都送入它。首先为输
入构建嵌入，然后屏蔽无效值，并将所有单词的值加在一起：

```
embedding = layers.Embedding(
        mask_zero=True,
        input_dim=vocab_size,
        output_dim=embedding_size
    )

mask = layers.Masking(mask_value=0)
def _combine_sum(v):
    return K.sum(v, axis=2)
sum_layer = layers.Lambda(_combine_sum)
```

到目前为止，我们已经指定了 **vocab_size**（词汇表中单词的数量）和 **embe-
dding_size**（每个单词的嵌入应该有多宽，例如 Google News 向量是 300 维）。

现在，将这些层应用到单词输入中：

```
title_sum = sum_layer(mask(embedding(title)))
body_sum = sum_layer(mask(embedding(body)))
```

此时，我们有了标题和正文的向量，可以用余弦距离比较它们，就像我们在
4.2 节中所做的那样。在 Keras 中，它们通过 **dot** 层来表示：

```
sim = layers.dot([title_sum, word_sum], normalize=True, axes=1)
```

最后，我们可以定义模型。它接受标题和正文作为输入，输出两者之间的相似性：

```
sim_model = models.Model(inputs=[title,body], outputs=[sim])
sim_model.compile(loss='mse', optimizer='rmsprop')
```

讨论

我们建立的模型学会了如何匹配问题和答案，但实际上我们赋予它唯一的自
由度就是改变单词的嵌入，从而使标题和正文的嵌入总和相匹配。这可以帮
助我们获得问题的嵌入，使得相似的问题拥有相似的嵌入，因为相似的问题

总会有类似的答案。

训练模型用到了两个编译参数，以指导 Keras 如何改善模型：

损失函数 *(loss function)*
它告诉系统给定的答案"错"得有多离谱。例如，如果告诉网络 `title_a` 和 `body_a` 应该输出 1.0，但是网络预测为 0.8，那么这个错误到底有多糟糕呢？当我们有多个输出时，这会是一个更复杂的问题，不过这部分内容稍后再介绍。对于该模型，我们将使用均方差（mean squared error）。那么，针对前面的例子，这意味着通过（1.0-0.8）** 2 或 0.04 对模型进行惩罚（penalize）。每次模型遇到一个类似的例子时，该损失函数就会通过模型传播回来并优化嵌入。

优化器（*optimizer*）
使用损耗来改进模型的方法有许多种。它们被称为优化策略或优化器。幸运的是，Keras 内置了许多可靠的优化器，因此不必担心，我们只用挑选一个合适的优化器。在本例中，使用的是 `rmsprop` 优化器，它在各种情况下的表现都很不错。

6.5 用 Pandas 训练模型

问题

如何使用 Pandas 中的数据训练模型？

解决方案

利用 Pandas 中的过滤器和采样功能构建一个数据生成器。

与前面的技巧一样，训练模型来区分问题标题及其正确答案（正文）与另一随机问题的答案。可以将上述过程写成一个在数据集上不断迭代的生成器。对于正确的问题标题和正文，它会输出 1；对于随机的标题和正文，它会输出 0：

```
def data_generator(batch_size, negative_samples=1):
    questions = df[df['PostTypeId'] == 1]
```

```
    all_q_ids = list(questions.index)

    batch_x_a = []
    batch_x_b = []
    batch_y = []

    def _add(x_a, x_b, y):
        batch_x_a.append(x_a[:MAX_DOC_LEN])
        batch_x_b.append(x_b[:MAX_DOC_LEN])
        batch_y.append(y)

    while True:
        questions = questions.sample(frac=1.0)

        for i, q in questions.iterrows():
            _add(q['title_tokens'], q['body_tokens'], 1)

            negative_q = random.sample(all_q_ids, negative_samples)
            for nq_id in negative_q:
                _add(q['title_tokens'],
                    df.at[nq_id, 'body_tokens'], 0)

            if len(batch_y) >= batch_size:
                yield ({
                    'title': pad_sequences(batch_x_a, maxlen=None),
                    'body': pad_sequences(batch_x_b, maxlen=None),
                }, np.asarray(batch_y))

                batch_x_a = []
                batch_x_b = []
                batch_y = []
```

上述过程唯一复杂的地方是数据的批处理。这并不是绝对必要的,但是对于提升性能非常重要。所有的深度学习模型都需要优化,使其可以一次处理多个数据块。最佳批尺寸取决于你正在处理什么样的问题。更大的批次意味着你的模型在每次更新时可以使用更多数据,因此可以更准确地更新其权重,但缺点是无法经常更新。更大的批尺寸也会占用更多内存。最好是从小批尺寸开始,并将批尺寸加倍,直到结果不再有改善为止。

现在来训练模型:

```
sim_model.fit_generator(
    data_generator(batch_size=128),
    epochs=10,
    steps_per_epoch=1000
)
```

分 10 000 步训练模型,共 10 个阶段,每个阶段有 1000 步。每个步骤处理 128

个文档，因此我们的网络最终将有 1.28M 训练示例。如果你有一个 GPU，会惊讶地发现它的运行速度非常快。

6.6 检查相似性

问题

你希望使用 Keras 通过其他神经网络的权重来预测数值。

解决方案

构建第二个模型，使用与原始网络不同的输入层和输出层（layer），但是其他层保持不变。

我们的 sim_model 已经完成训练，并且学习了如何从标题转换到 title_sum，这正是我们想要的。完成上述功能的模型是：

```
embedding_model = models.Model(inputs=[title], outputs=[title_sum])
```

现在可以使用"嵌入"模型来计算数据集中每个问题的表示。让我们将它包装在一个类中以便重用：

```
questions = df[df['PostTypeId'] == 1]['Title'].reset_index(drop=True)
question_tokens = pad_sequences(tokenizer.texts_to_sequences(questions))

class EmbeddingWrapper(object):
    def __init__(self, model):
        self._questions = questions
        self._idx_to_question = {i:s for (i, s) in enumerate(questions)}
        self._weights = model.predict({'title': question_tokens},
                                      verbose=1, batch_size=1024)
        self._model = model
        self._norm = np.sqrt(np.sum(self._weights * self._weights
                                    + 1e-5, axis=1))

    def nearest(self, question, n=10):
        tokens = tokenizer.texts_to_sequences([sentence])
        q_embedding = self._model.predict(np.asarray(tokens))[0]
        q_norm= np.sqrt(np.dot(q_embedding, q_embedding))
        dist = np.dot(self._weights, q_embedding) / (q_norm * self._norm)

        top_idx = np.argsort(dist)[-n:]
```

```
return pd.DataFrame.from_records([
    {'question': self._r[i], 'similarity': float(dist[i])}
    for i in top_idx
])
```

接下来，可以使用上述类：

```
lookup = EmbeddingWrapper(model=sum_embedding_trained)
lookup.nearest('Python Postgres object relational model')
```

产生的结果如下：

相似性	问题
0.892392	working with django and sqlalchemy but backend⋯
0.893417	Python ORM that auto-generates/updates tables ⋯
0.893883	Dynamic Table Creation and ORM mapping in SqlA⋯
0.896096	SQLAlchemy with count, group_by and order_by u⋯
0.897706	SQLAlchemy: Scan huge tables using ORM?
0.902693	Efficiently updating database using SQLAlchemy⋯
0.911446	What are some good Python ORM solutions?
0.922449	python orm
0.924316	Python libraries to construct classes from a r⋯
0.930865	python ORM allowing for table creation and bul⋯

由结果可以看出，在很短的训练时间内，我们的网络设法弄清楚了"SQL""query"和"INSERT"都与 Postgres 有关！

讨论

在上述技巧中，我们看到了如何使用神经网络的一部分来预测我们想要的值，虽然上例中训练的整个网络是用来预测其他内容的。Keras 的 API 函数提供了层与层之间的良好分离，它可以告诉我们层与层之间是如何连接的，以及输入和输出层的哪种组合可以形成一个模型。

在本书后面的内容中，你可以看到这给我们带来了很大的灵活性。我们可以采用预先训练好的网络，并且使用其中一个中间层作为输出层，或者可以使用其中一个中间层并添加一些新层（参见第 9 章），甚至还可以反向运行神经网络（参见第 12 章）。

第 7 章

推荐表情符号

在本章中，我们将构建一个模型，为给定的一小段文本推荐适用的表情符号（emoji）。我们首先从开发一个简单的情绪分类器开始，该情绪分类器基于标记有各种情绪（如幸福、爱、惊喜等）的一系列公共推文[注1]构建而成。我们首先尝试使用贝叶斯分类器来了解基线性能，看看这个分类器可以学到什么。然后我们将切换到卷积网络，并讨论分类器调优的各种方法。

接下来，我们将看看如何使用 Twitter API 实现推文收集，然后使用 7.3 节中的卷积模型，之后再转向单词级的模型。之后，我们将构建并使用循环单词级网络，并比较上述三种不同模型的性能。

最后，我们将以上三个模型组合成一个较前三者都更优的组合模型。

最终模型的效果非常好，只需要装入移动应用程序即可！本章的代码可从以下 notebook 中找到：

```
07.1 Text Classification
07.2 Emoji Suggestions
07.3 Tweet Embeddings
```

7.1 构建一个简单的情感分类器

问题

如何确定一段文字所表达的情绪？

注 1：　本章中的推文均指 Twitter 上的推文。——译注

解决方案

寻找一个已标记了情绪的语句数据集，并在其上运行一个简单的分类器。

在尝试复杂的事情之前，首先在容易获取的数据集上尝试一下我们能想到的最简单易行的方法是一个非常好的思路。在本例中，我们将尝试基于公共数据集构建一个简单的情绪分类器。在以下方案中将尝试更多与此相关的事情。

通过 Google 搜索，我们很快就从 CrowdFlower 中找到了一个合适的数据集，它包含推文和情绪标签。由于情绪标签在某种程度上与 emoji 表情符号很类似，因此这是一个很好的开端。让我们下载数据文件，然后看一下：

```
import pandas as pd
from keras.utils.data_utils import get_file
import nb_utils

emotion_csv = get_file('text_emotion.csv',
                       'https://www.crowdflower.com/wp-content/'
                       'uploads/2016/07/text_emotion.csv')
emotion_df = pd.read_csv(emotion_csv)

emotion_df.head()
```

输出的结果如下：

推文序号	情感	作者	内容
0	1956967341	empty	xoshayzers @tiffanylue i know i was listenin to bad habi…
1	1956967666	sadness	wannamama Layin n bed with a headache ughhhh…waitin o…
2	1956967696	sadness	coolfunky Funeral ceremony…gloomy friday…
3	1956967789	enthusiasm	czareaquino wants to hang out with friends SOON!
4	1956968416	neutral	xkilljoyx @dannycastillo We want to trade with someone w…

我们还可以查看各种情绪出现的频率：

```
emotion_df['sentiment'].value_counts()

neutral      8638
worry        8459
happiness    5209
sadness      5165
love         3842
surprise     2187
```

在朴素的贝叶斯家族中，一些最简单的模型经常能给出惊人的好结果。首先，我们将使用 sklearn 提供的方法对数据进行编码。TfidfVectorizer 根据逆文档频率为单词分配权重。经常出现的单词通常会得到较低的权重，因为它们所包含的信息量往往较少。LabelEncoder 能够为不同的标签分配唯一的整数值：

```
tfidf_vec = TfidfVectorizer(max_features=VOCAB_SIZE)
label_encoder = LabelEncoder()
linear_x = tfidf_vec.fit_transform(emotion_df['content'])
linear_y = label_encoder.fit_transform(emotion_df['sentiment'])
```

有了这些数据，现在我们可以构建和评估贝叶斯模型：

```
bayes = MultinomialNB()
bayes.fit(linear_x, linear_y)
pred = bayes.predict(linear_x)
precision_score(pred, linear_y, average='micro')

0.28022727272727271
```

我们得到 28% 的正确率 (right)。如果总是预测最有可能的类别，我们将会获得差不多 20% 以上的正确率，因此目前算是有了一个不错的开端。我们还可以尝试其他简单的分类器，它们的性能也许会好一些，但是速度上往往会更慢一点：

```
classifiers = {'sgd': SGDClassifier(loss='hinge'),
               'svm': SVC(),
               'random_forrest': RandomForestClassifier()}

for lbl, clf in classifiers.items():
    clf.fit(X_train, y_train)
    predictions = clf.predict(X_test)
    print(lbl, precision_score(predictions, y_test, average='micro'))

random_forrest 0.283939393939
svm 0.218636363636
sgd 0.325454545455
```

讨论

尝试去做"最简单易行但是有效的事情"可以帮助我们快速入门，并让我们了解到数据中是否有足够的信息来帮助我们完成想做的工作。

在处理早期的垃圾邮件问题上，已证明贝叶斯分类器是十分有效的。但是它们假设每个因素的贡献是彼此独立的。因此在本例中，推文中的每个单词对预测标签均有一定影响，且与其他单词无关。显然实际上并非总是如此。一个简单的例子是，将单词"not"插入句子可以表达否定的情绪。该模型易于构建，可以非常快速地得到结果，结果也易于理解。一般来说，如果贝叶斯模型在你的数据集上无法获得好的结果，那么使用其他更复杂的模型很可能也不会有所帮助。

贝叶斯模型的效果往往比我们事前预想的要好一些。关于为何会出现这种情况，有一些有趣的研究。在用于机器学习之前，贝叶斯模型曾用来帮助破译恩尼格玛密码（Enigma code），此外它们还曾经帮助过第一代垃圾邮件探测器实现性能提升。

7.2 检验一个简单的分类器

问题

怎样知道一个简单的分类器学到了什么？

解决方案

查看影响分类器输出结果的因素。

使用贝叶斯方法的一个优点是，我们可以获得一个能够理解的模型。正如在前面内容中所讨论的，贝叶斯模型假设每个单词的贡献都与其他单词独立，因此，为了了解模型学到了什么，我们可以直接查看模型对每个单词的输出（为每个单词分配到的贡献因子）。

现在请记住，模型需要一系列文档，每个文档被编码成一个长度等于词汇表大小的向量，其中的每个元素编码对应单词的相对频率（单词在该文档中相对于所有文档中出现的相对频率）。因此，一个由只包含一个单词的文档组成的集合将是一个方形矩阵，其对角线上均为 1；第 n 个文档除了第 n 个单词外，所有词汇表中单词对应的值均为 0。现在我们可以为每个单词预测各种标签的可能性：

```
d = eye(len(tfidf_vec.vocabulary_))
word_pred = bayes.predict_proba(d)
```

然后，我们可以查询所有的预测，并且找到每类的单词分数。我们将它存储在对象 Counter 中，以便容易地访问贡献度最高的单词：

```
by_cls = defaultdict(Counter)
for word_idx, pred in enumerate(word_pred):
    for class_idx, score in enumerate(pred):
        cls = label_encoder.classes_[class_idx]
        by_cls[cls][inverse_vocab[word_idx]] = score
```

然后输出结果：

```
for k in by_cls:
    words = [x[0] for x in by_cls[k].most_common(5)]
    print(k, ':', ' '.join(words))

happiness : excited woohoo excellent yay wars
hate : hate hates suck fucking zomberellamcfox
boredom : squeaking ouuut cleanin sooooooo candyland3
enthusiasm : lena_distractia foolproofdiva attending krisswouldhowse tatt
fun : xbox bamboozle sanctuary oldies toodaayy
love : love mothers mommies moms loved
surprise : surprise wow surprised wtf surprisingly
empty : makinitrite conversating less_than_3 shakeyourjunk kimbermuffin
anger : confuzzled fridaaaayyyyy aaaaaaaaaaa transtelecom filthy
worry : worried poor throat hurts sick
relief : finally relax mastered relief inspiration
sadness : sad sadly cry cried miss
neutral : www painting souljaboytellem link frenchieb
```

讨论

在深入研究更复杂的模型之前，首先检验一个简单模型的学习效果是一个非常有用的步骤。虽然深度学习的模型十分强大，但是事实上我们很难说清楚这些模型到底在做些什么。我们可以大致了解它们的工作原理，但真正理解训练产生的数以百万的权重系数几乎是不可能的。

我们的贝叶斯模型结果符合预期。"sad"一词表示情感属于"sadness"类，而"wow"则表示惊喜。一个令人感动的结果是，"mothers"一词表示强烈的爱。

我们也确实看到了一些奇怪的词，比如"kimbermuffin"和"makinitrite"。经过检查，这些是Twitter上的账户名。"foolproofdiva"表示非常热情的人。考虑到我们的任务，可以直接过滤掉这些词汇。

7.3 使用卷积网络进行情感分析

问题

你想尝试使用深层网络来确定一段文本所表达的情绪。

解决方案

使用卷积网络。

CNN更常用于图像识别（参见第9章)，但是它们也适用于某些文本分类任务。我们的想法是在文本上滑动窗口，这样就可以将一系列的数据项（item）转换为一系列（更短的）特征序列。在这种情况下，项指的就是字符。在每个步骤中使用的权重相同，因此我们不必多次学习相同的东西——"cat"一词在任何推文中的意思都是"cat"：

```
char_input = Input(shape=(max_sequence_len, num_chars), name='input')

conv_1x = Conv1D(128, 6, activation='relu', padding='valid')(char_input)
max_pool_1x = MaxPooling1D(6)(conv_1x)
conv_2x = Conv1D(256, 6, activation='relu', padding='valid')(max_pool_1x)
max_pool_2x = MaxPooling1D(6)(conv_2x)

flatten = Flatten()(max_pool_2x)
dense = Dense(128, activation='relu')(flatten)
preds = Dense(num_labels, activation='softmax')(dense)

model = Model(char_input, preds)
model.compile(loss='sparse_categorical_crossentropy',
              optimizer='rmsprop',
              metrics=['acc'])
```

要运行模型，首先必须对数据进行矢量化。我们将使用与前面技巧中相同的独热编码，将每个字符编码为除了第 n 个项外，其余全部填充零的向量，其中 n 对应我们要编码的字符：

```
chars = list(sorted(set(chain(*emotion_df['content']))))
char_to_idx = {ch: idx for idx, ch in enumerate(chars)}
max_sequence_len = max(len(x) for x in emotion_df['content'])

char_vectors = []
for txt in emotion_df['content']:
    vec = np.zeros((max_sequence_len, len(char_to_idx)))
    vec[np.arange(len(txt)), [char_to_idx[ch] for ch in txt]] = 1
    char_vectors.append(vec)
char_vectors = np.asarray(char_vectors)
char_vectors = pad_sequences(char_vectors)
labels = label_encoder.transform(emotion_df['sentiment'])
```

让我们将数据分成训练集和测试集：

```
def split(lst):
    training_count = int(0.9 * len(char_vectors))
    return lst[:training_count], lst[training_count:]

training_char_vectors, test_char_vectors = split(char_vectors)
training_labels, test_labels = split(labels)
```

现在，我们可以训练和评估该模型：

```
char_cnn_model.fit(training_char_vectors, training_labels,
                   epochs=20, batch_size=1024)
char_cnn_model.evaluate(test_char_vectors, test_labels)
```

20 代之后，训练准确率达到 0.39，但测试准确率仅为 0.31。过拟合可以解释这种差异。模型不仅学习数据的一般特征（同样适用于测试集的特征），而且开始记忆部分训练数据。这就像一个学生在学习，他 / 她所回答的答案都与问题相匹配，但是却完全没有理解知识点。

讨论

当我们希望神经网络学习独立于所处环境的事物时，卷积网络可以很好地工作。对于图像识别，我们不希望网络对每个像素进行单独学习。我们希望它学会识别独立特征，无论它们出现在图像中的哪个位置。

与此类似，对于文本，无论"love"这个词出现在推文的任何地方，我们希望模型都能学习到"love"是一个很好的标签。我们不希望模型针对每个位置分别学习一遍。CNN 通过在文本上执行滑动窗口来达成此目的。在这种情况下，我们使用一个大小为 6 的窗口，这样可以一次选取 6 个字符。对于包含 125 个字符的推文，我们将应用该窗口 120 次。

至关重要的是 120 个神经元使用相同的权重，这样它们学到的东西都一样。在卷积之后，我们应用 max_pooling 层。该层将 6 个神经元作为一组并输出其激活函数的最大值。我们认为这是最有力的理论，即每个神经元都必须进入下一层，它还将尺寸缩小了 6 倍。

在模型中，我们有两个卷积 / 最大池化层，它们将数据大小从输入的 167×100 变换为 3×256。我们可以将它们视为提高抽象级别的步骤。在输入级别，我们只知道对于 167 个位置，可能会出现 100 个不同字符中的任何一个。在最后一次卷积之后，我们有了 3 个向量，每个向量有 256 个元素，它们编码了推文开头、中间和结尾发生的事情。

7.4 收集 Twitter 数据

问题

如何自动收集大量的 Twitter 数据，以便用作训练数据？

解决方案

使用 Twitter API。

首先要做的是去 *https://apps.twitter.com* 注册一个新的应用程序，然后单击"创建新应用程序（Create New App）"按钮并填写表格。我们并不会代表用户执行任何操作，所以你可以将"回调 URL（Callback URL）"字段空着。

完成以上步骤之后，我们会获得两个 key 和两个接口密钥，它们允许访问 API。让我们将它们存储在相应的变量中：

```
CONSUMER_KEY = '<your value>'
CONSUMER_SECRET = '<your value>'
ACCESS_TOKEN = '<your value>'
ACCESS_SECRET = '<your value>'
```

现在，我们可以构造一个认证对象：

```
auth=twitter.OAuth(
    consumer_key=CONSUMER_KEY,
    consumer_secret=CONSUMER_SECRET,
    token=ACCESS_TOKEN,
    token_secret=ACCESS_SECRET,
)
```

Twitter API 包含两个部分，其中，REST API 可以调用各种函数来搜索推文、获取用户状态，甚至发布推文，而在本例中，我们将用到流 API（streaming API）。它对于我们要实现的任务来说，已经足够了。

如果你购买了 Twitter 付费服务，你将获得包含所有实时推文的数据流。否则，你将获得所有推文的样本。这对我们的任务而言已经足够了。

```
status_stream = twitter.TwitterStream(auth=auth).statuses
```

stream 对象包含一个迭代器 sample，它能够编写推文。让我们使用 itertools.islice 函数看一下这些推文。

```
[x['text'] for x in itertools.islice(stream.sample(), 0, 5) if x.get('text')]
```

在本例中，我们只需要英文的推文，并且希望推文中包含至少一个表情符号：

```
def english_has_emoji(tweet):
    if tweet.get('lang') != 'en':
        return False
    return any(ch for ch in tweet.get('text', '') if ch in emoji.UNICODE_EMOJI)
```

现在，我们可以获得 100 条至少包含一个表情符号的推文：

```
tweets = list(itertools.islice(
    filter(english_has_emoji, status_stream.sample()), 0, 100))
```

我们每秒能够获得 2~3 条推文，这已经很不错了，但是如果按照这个速度，我们得需要一段时间才能获得较大的训练数据集。在这里，我们只关心包含一种表情符号的推文，并且只想保留那个 emoji 表情符号和文字：

```
stripped = []
for tweet in tweets:
    text = tweet['text']
    emojis = {ch for ch in text if ch in emoji.UNICODE_EMOJI}
```

```
if len(emojis) == 1:
    emoiji = emojis.pop()
    text = ''.join(ch for ch in text if ch != emoiji)
    stripped.append((text, emoiji))
```

Twitter 可以作为一个非常有用的训练数据源。从发布推文的账户到图片、主题标签 (#)，每条推文都有大量与之相关的元数据。在本章中，我们仅仅使用到了语言元信息，但是 Twitter 数据是一个丰富的、值得探索的领域。

7.5 一个简单的表情符号预测器

问题

怎样预测出一个最符合文字内容的表情符号呢？

解决方案

重新调整 7.3 节中的情绪分类器。

如果你在上一步中收集了大量的推文，就可以直接使用这些推文。如果没有，那么你可以在 *data/emojis.txt* 中找到一个很好的示例。让我们在 Pandas 的 DataFrame 中读取该数据。我们将过滤掉出现次数少于 1 000 次的表情符号：

```
all_tweets = pd.read_csv('data/emojis.txt',
        sep='\t', header=None, names=['text', 'emoji'])
tweets = all_tweets.groupby('emoji').filter(lambda c:len(c) > 1000)
tweets['emoji'].value_counts()
```

该数据集太大，无法以矢量形式保留在内存中，因此我们将使用生成器进行训练。Pandas 自带了一个 sample 方法，它使我们可以拥有以下 data_ generator：

```
def data_generator(tweets, batch_size):
    while True:
        batch = tweets.sample(batch_size)
        X = np.zeros((batch_size, max_sequence_len, len(chars)))
        y = np.zeros((batch_size,))
        for row_idx, (_, row) in enumerate(batch.iterrows()):
            y[row_idx] = emoji_to_idx[row['emoji']]
            for ch_idx, ch in enumerate(row['text']):
                X[row_idx, ch_idx, char_to_idx[ch]] = 1
        yield X, y
```

现在，我们可以直接使用 7.3 节中的方法训练模型，而无须修改：

```
train_tweets, test_tweets = train_test_split(tweets, test_size=0.1)
BATCH_SIZE = 512
char_cnn_model.fit_generator(
    data_generator(train_tweets, batch_size=BATCH_SIZE),
    epochs=20,
    steps_per_epoch=len(train_tweets) / BATCH_SIZE,
    verbose=2
)
```

该模型的精确率达到约 40%。即便考虑到常用表情符号的出现频率远高于不常用的表情符号，这个结果也很不错。如果我们在评估数据集上执行该模型，精确率从 40% 下降到略高于 35% 的水平：

```
char_cnn_model.evaluate_generator(
    data_generator(test_tweets, batch_size=BATCH_SIZE),
    steps=len(test_tweets) / BATCH_SIZE
)

[3.0898117224375405, 0.35545459692028986]
```

讨论

不需要对模型做出任何更改，我们就可以为推文推荐表情符号，而无须执行情绪分类。这其实并不令人惊讶，在某种程度上，表情符号其实就是作者所应用的情感标签。这两种任务执行结果大致相同的可能性并不大，因为我们有太多的标签，而且我们预计这些标签数据可能会充满噪声。

7.6 Dropout 和多层窗口

问题

如何提升网络性能？

解决方案

使用 Dropout 的同时增加可训练变量的数量，这种技术可以有效降低大型网络出现过拟合的概率。

增加神经网络表达能力的简单方法是将网络变得更大，你可以通过将单个层变得更大，或者向网络中增加更多的层来扩大网络。拥有更多变量的网络具有更好的学习能力和泛化能力，但是这并不是没有代价的。某些情况下，网络会出现过拟合（1.3 节对此类问题有更加详细的描述）

让我们从扩展现有网络开始。在之前的技巧中，我们使用了窗口长度为 6 的卷积。6 个字符似乎是捕获局部信息的一个合理量级，但是这个数字的确定也略显随意。为什么不是 4 或 5 个字符呢？事实上，我们可以将以上三种窗口长度的卷积都实现出来，然后组合三种结果：

```
layers = []
for window in (4, 5, 6):
    conv_1x = Conv1D(128, window, activation='relu',
                     padding='valid')(char_input)
    max_pool_1x = MaxPooling1D(4)(conv_1x)
    conv_2x = Conv1D(256, window, activation='relu',
                     padding='valid')(max_pool_1x)
    max_pool_2x = MaxPooling1D(4)(conv_2x)
    layers.append(max_pool_2x)

merged = Concatenate(axis=1)(layers)
```

使用该网络及其额外层期间，训练的精确率达到了 47%，但是测试数据集的精确率仅达到 37%。这个结果仍然要比我们之前的结果稍微好一些，但是过拟合的间隙（overfitting gap）已经增加了很多。

有许多技术可以用来防止过拟合，它们有个共同点，就是都会限制模型可以学到的东西。众多技术中最受欢迎的是添加 Dropout 层。在训练期间，Dropout 会随机地将部分神经元的权重设置为零。这迫使网络更加健壮地学习，因为它不能依赖特定的神经元。在预测期间，所有神经元都正常起作用，这使得结果更加平均并且可以降低异常值出现的可能性。这种方法会减缓过拟合的速度。

在 Keras 中，我们像添加其他层一样添加 Dropout 层。然后，我们的模型将变成：

```
for window in (4, 5, 6):
    conv_1x = Conv1D(128, window,
                     activation='relu', padding='valid')(char_input)
    max_pool_1x = MaxPooling1D(4)(conv_1x)
    dropout_1x = Dropout(drop_out)(max_pool_1x)
    conv_2x = Conv1D(256, window,
                     activation='relu', padding='valid')(dropout_1x)
```

```
    max_pool_2x = MaxPooling1D(4)(conv_2x)
    dropout_2x = Dropout(drop_out)(max_pool_2x)
    layers.append(dropout_2x)

  merged = Concatenate(axis=1)(layers)

  dropout = Dropout(drop_out)(merged)
```

选取 Dropout 的值可以算得上是一门艺术。更高的值意味着更强健的模型，
但是训练起来也更加缓慢。取值 0.2，可以使训练的精确率达到 0.43，测试精
确率达到 0.39，我们还可以调整数值使精确率达到更高。

讨论

本技巧中介绍了一些用来改善网络性能的技术。通过添加更多的层，尝试不
同的窗口，以及在不同位置引入 Dropout 层，我们有了很多可以优化网络的
调优项。找到最佳值的过程称为超参数调优（hyperparameter tuning）。

通过尝试各种组合，有一些框架可以自动寻找最佳参数。因为它们确实需要
多次训练模型，你要么得很有耐心，要么得能够访问多个实例以并行训练
模型。

7.7 构建单词级模型

问题

Twitter 上的推文是单词，而不仅仅是随机字符。怎样能够利用这一点呢？

解决方案

训练一个将词嵌入序列而不是将字符序列作为输入的模型。

首先，我们要做的是切分（tokenize）推文。我们将构造一个切分器（tokenizer），
它可以保留前 50 000 个单词，我们在训练和测试数据集中应用它，然后填充
训练和测试集，以使它们具有相同的长度：

```
VOCAB_SIZE = 50000
tokenizer = Tokenizer(num_words=VOCAB_SIZE)
```

```
tokenizer.fit_on_texts(tweets['text'])
training_tokens = tokenizer.texts_to_sequences(train_tweets['text'])
test_tokens = tokenizer.texts_to_sequences(test_tweets['text'])
max_num_tokens = max(len(x) for x in chain(training_tokens, test_tokens))
training_tokens = pad_sequences(training_tokens, maxlen=max_num_tokens)
test_tokens = pad_sequences(test_tokens, maxlen=max_num_tokens)
```

通过使用预训练的嵌入（参见第 3 章），我们可以快速启动模型。我们将使用效用函数（utility function）`load_wv2` 加载权重，它将加载 Word2vec 嵌入并将它们与语料库中的单词匹配。我们将构建一个矩阵，每个标记有一行，其中包含了来自 Word2vec 模型的权重：

```
def load_w2v(tokenizer=None):
    w2v_model = gensim.models.KeyedVectors.load_word2vec_format(
        word2vec_vectors, binary=True)

    total_count = sum(tokenizer.word_counts.values())
    idf_dict = {k: np.log(total_count/v)
                for (k,v) in tokenizer.word_counts.items()}

    w2v = np.zeros((tokenizer.num_words, w2v_model.syn0.shape[1]))
    idf = np.zeros((tokenizer.num_words, 1))

    for k, v in tokenizer.word_index.items():
        if < tokenizer.num_words and k in w2v_model:
            w2v[v] = w2v_model[k]
idf[v] = idf_dict[k]

    return w2v, idf
```

现在，我们可以创建一个与字符模型非常相似的模型，大致上仅仅需要改变处理输入的方式。我们的输入采用一个标记序列，然后嵌入层在刚刚创建的矩阵中查找每个标记：

```
message = Input(shape=(max_num_tokens,), dtype='int32', name='title')
embedding = Embedding(mask_zero=False, input_dim=vocab_size,
                      output_dim=embedding_weights.shape[1],
                      weights=[embedding_weights],
                      trainable=False,
                      name='cnn_embedding')(message)
```

该模型有效，但是效果不如字符模型。我们可以调整各种超参数，但是过拟合的间隙还是很大（字符级模型的精确率为 38%，单词级模型的精确率为 30%）。有一件事情是我们可以改变的，并且确实会使结果有所不同——将嵌入层的可训练（trainable）属性设置为 True。这有助于将单词级模型的精确率提高到 36%，但是这也意味着我们使用了错误的嵌入。我们将在下一节中研究如何解决这个问题。

讨论

单词级模型比字符级模型具有更大的输入数据视图，因为它关注单词群而非字符群。我们使用词嵌入以便于快速开始，它代替了之前字符所使用的独热编码。在这里，我们用向量来表示每个单词，该向量表示单词作为模型输入时的语义值（关于词嵌入的更多信息请参阅第 3 章）。

本节中模型并不优于字符级模型，也并没有比在 7.1 节中看到的贝叶斯模型好很多。这表明我们预训练的词嵌入权重与问题并不匹配。如果我们将嵌入层设置为可训练的，结果会好得多；如果我们允许模型改变嵌入，模型就会有所改进。我们将在下一节中详细研究这个问题。

对于权重没有很好地匹配到问题这个情况其实并不令人意外。Word2vec 模型是在 Google 新闻数据上训练的，Google 新闻中的语言用法和我们在社交媒体中看到的语言用法略有不同。例如，常用的主题标签并不会出现在 Google 的新闻语料库中，但是它们对于推文分类却相当重要。

7.8 构建你自己的嵌入

问题

如何获得与你的语料库相匹配的词嵌入呢？

解决方案

训练你自己的词嵌入。

gensim 软件包不仅为我们提供了预训练的嵌入模型，还可以训练新的嵌入。想要完成上述任务，gensim 只需要一个生成标记序列的生成器。它会使用生成器来建立一个词汇表，然后通过反复使用生成器来训练模型。以下代码将处理一些推文，并对其进行清洗和切分：

```python
class TokensYielder(object):
    def __init__(self, tweet_count, stream):
        self.tweet_count = tweet_count
        self.stream = stream

    def __iter__(self):
        print('!')
        count = self.tweet_count
        for tweet in self.stream:
            if tweet.get('lang') != 'en':
                continue
            text = tweet['text']
            text = html.unescape(text)
            text = RE_WHITESPACE.sub(' ', text)
            text = RE_URL.sub(' ', text)
            text = strip_accents(text)
            text = ''.join(ch for ch in text if ord(ch) < 128)
            if text.startswith('RT '):
                text = text[3:]
            text = text.strip()
            if text:
                yield text_to_word_sequence(text)
                count -= 1
                if count <= 0:
                    break
```

我们现在可以训练模型了。比较明智的做法是收集一周左右的推文，将它们保存在一组文件中（比较流行的存储格式是每行推文存放在一个 JSON 文档中），然后将遍历文件的生成器传入到 TokensYielder 中。

我们开始按照上述方法实施，在缓慢地等待一周的推文内容之前，我们可以通过获取 100 000 条过滤的推文，来测试一下这个方法到底行不行得通：

```python
tweets = list(TokensYielder(100000,
             twitter.TwitterStream(auth=auth).statuses.sample()))
```

然后，使用以下方法构建一个模型：

```python
model = gensim.models.Word2Vec(tweets, min_count=2)
```

通过查看距离"love"这个词最近距离的词，可以发现我们确实拥有了自己的特定领域嵌入。因为只有在 Twitter 上会得出"453"是与"love"相关的，在网络上"453"是"cool story, bro"[注2]的简写：

```
model.wv.most_similar(positive=['love'], topn=5)

[('hate', 0.7243724465370178),
 ('loved', 0.7227891087532043),
 ('453', 0.707709789276123),
 ('melanin', 0.7069753408432007),
 ('appreciate', 0.696381688117981)]
```

"Melanin"这个结果则确实有些出乎意料。

讨论

使用现有的单词的嵌入是快速入门的好方法，但它只适用于需要处理的文本与嵌入已学习的文本类似的情况。当不是上述情况且可以获得大量的与训练文本类似的文本时，我们也可以十分轻松地训练自己的词嵌入。

正如我们在上一节中所看到的，训练新嵌入的另一种方法是采用现有的嵌入，但将层的 trainable 属性设置为 True。这会使网络校正嵌入层中单词的权重，并寻找之前没有发现的新单词。

7.9 使用循环神经网络进行分类

问题

肯定有办法能够利用"推文是一系列单词组成的"这个事实，那么，你准备怎么去利用呢？

解决方案

使用单词级的循环神经网络进行分类。

卷积网络有利于发现输入流中的局部模式。对于情感分析，它通常很有效。特定的短语会影响整个句子的情感，与短语出现的位置无关。虽然推荐表情符号的任务中是有时间元素的，但是我们在这里不会使用 CNN。与推文相关联的

注2：　453 和 LOL 类似，是英文的 text talk，即短信语言，也就是人们为了提高打字速度，对一些词进行的简化。——译注

表情符号通常是推文的某种总结。在这种情况下，使用 RNN 可能更合适。

在第 5 章中，我们看到了如何训练 RNN 生成文本。我们可以使用类似的方法来推荐表情符号。就像单词级的 CNN 一样，我们将输入转换为词嵌入的。一个单层 LSTM 的效果就很好：

```
def create_lstm_model(vocab_size, embedding_size=None, embedding_weights=None):
    message = layers.Input(shape=(None,), dtype='int32', name='title')
    embedding = Embedding(mask_zero=False, input_dim=vocab_size,
                          output_dim=embedding_weights.shape[1],
                          weights=[embedding_weights],
                          trainable=True,
                          name='lstm_embedding')(message)

    lstm_1 = layers.LSTM(units=128, return_sequences=False)(embedding)
    category = layers.Dense(units=len(emojis), activation='softmax')
        (lstm_1)

    model = Model(
        inputs=[message],
        outputs=[category],
    )
    model.compile(loss='sparse_categorical_crossentropy',
                  optimizer='rmsprop', metrics=['accuracy'])
    return model
```

在 10 代训练之后，我们在训练数据集上达到了 50% 的精确率，在测试数据集上达到了 40% 的精确率，性能比 CNN 模型好很多。

讨论

我们在这里所使用的 LSTM 模型比单词级 CNN 模型性能好很多。我们可以将这种优秀的性能归功于推文是单词序列这个事实，在序列中，推文末尾处的情况与开头处的情况对于结果拥有不同的影响。

由于我们的字符级 CNN 相比单词级 CNN 更可能获得更加优秀的表现，而我们的单词级 LSTM 要比字符级 CNN 表现得更好，那么，你也许会好奇是否字符级 LSTM 会变现得更好？事实证明并不是这样。

产生这种情况的原因是，如果我们每次只为 LSTM 提供一个字符，那么在它到达推文末尾时，它很有可能已经忘记在推文开头发生的事情。而如果我们每次为 LSTM 提供一个单词，它就能克服这个问题。另外请注意，我们的字符级 CNN 实际上不会一次只处理输入里面的一个字符。我们一次使用 4、5 或者 6 个字符的序列，并且用多个卷积组合起来，使得大部分推文最多只剩下三个特征向量。

当然，我们也可以尝试通过下面的方法将两者结合起来：创建一个可以将推文压缩成具有更高抽象级别片段的 CNN，然后将这些矢量输入到 LSTM 中以获得最终结论。这种方法与我们的单词级 LSTM 的工作方式十分相似。我们使用预训练的词嵌入在逐个单词级别上执行相同的操作，而不是使用 CNN 对文本片段进行分类。

7.10 可视化一致性 / 不一致性

问题

你希望能够以可视化方式展现你所构建的不同模型在实践中的性能，并对它们进行比较。

解决方案

使用 Pandas 来展现它们相同和不同的地方。

精确率可以帮助我们了解模型性能。但是，推荐表情符号是一个含有很多干扰的任务，因此同时对比几种不同模型的性能对我们来说将是非常有用的。Pandas 则是应对这个问题的非常有用的工具。

这次我们不使用生成器来获得模型输入，而是将字符模型的测试数据转变成为矢量输入：

```
test_char_vectors, _ = next(data_generator(test_tweets, None))
```

现在，让我们对前 100 项进行预测：

```
predictions = {
    label: [emojis[np.argmax(x)] for x in pred]
    for label, pred in (
        ('lstm', lstm_model.predict(test_tokens[:100])),
        ('char_cnn', char_cnn_model.predict(test_char_vectors[:100])),
        ('cnn', cnn_model.predict(test_tokens[:100])),
```

我们现在可以构建并显示一个 Pandas `DataFrame`，包含每个模型的前 25 个预测结果、原推文和原表情符号：

```
pd.options.display.max_colwidth = 128
test_df = test_tweets[:100].reset_index()
eval_df = pd.DataFrame({
    'content': test_df['text'],
    'true': test_df['emoji'],
    **predictions
})
eval_df[['content', 'true', 'char_cnn', 'cnn', 'lstm']].head(25)
```

结果如下：

#	内容	实际值	char_cnn	cnn	lstm
0	@Gurmeetramrahim @RedFMIndia @rjraunac #8Days ToLionHeart Great	👏	👍	👏	😘
1	@suchsmallgods I can't wait to show him these tweets	😼	😂	❤️	😂
2	@Captain_RedWolf I have like 20 set lol WAYYYYYY ahead of you	😂	😂	😂	😂
3	@OtherkinOK were just at @EPfestival, what a set! Next stop is @whelanslive on Friday 11th November 2016.	👌	💪	❤️	😊
4	@jochendria: KathNiel with GForce Jorge. #PushAwardsKathNiels	❤️	❤️	❤️	❤️
5	Okay good	😂	😂	❤️	😂
6	"Distraught means to be upset" "So that means confused right？" -@ReevesDakota	😂	😂	❤️	😂
7	@JennLiri babe wtf call bck I'm tryna listen to this ring tone	😳	😳	©	😦
8	does Jen want to be friends? we can so be friends. love you, girl. #BachelorInParadise	❤️	😳	❤️	❤️
9	@amwalker38: Go Follow these hot accounts @the1st-Me420@DanaDeelish @So_deelish @aka_teemoney38 @Cam-PromoXXX @SexyLThings @l...	👊	👑	🔥	
10	@gspisak: I always made fun of the parents that show up 30+ mins early to pick up their kids today thats me At least I got a...	😡	😳	😂	😂
11	@ShawnMendes: Toronto Billboard. So cool! @spotify #ShawnXSpotify go find them in your city	😄	😄	😄	😄

#	内容	实际值	char_cnn	cnn	lstm
12	@kayleeburt77 can I have your number? I seem to have lost mine.	😂	😂	😂	😶
13	@KentMurphy: Tim Tebow hits a dinger on his first pitch seen in professional ball	😳	😳	😳	😳
14	@HailKingSoup...	😂	😂	😂	😂
15	@RoxeteraRibbons Same and I have to figure to prove it	😂	😂	😂	😅
16	@theseoulstory: September comebacks: 2PM, SHINee, INFINITE, BTS, Red Velvet, Gain, Song Jieun, Kanto...	🔥	🔥	🔥	🔥
17	@VixenMusicLabel - Peace & Love	✌️	🖤	😚	🖤
18	@iDrinkGallons sorry	😦	😂	😂	😂
19	@StarYouFollow: 19- Frisson	😵	👌	😍	✨
20	@RapsDaiIy: Don't sleep on Ugly God	🔥	🔥	🔥	🔥
21	How tf do all my shifts get picked up so quickly?! Wtf	😫	😩	😂	😩
22	@ShadowhuntersTV: #Shadowhunters fans, how many s would YOU give this father-daughter #Flash-backFriday bonding moment betwee...	🖤	🖤	🖤	🖤
23	@mbaylisxo: thank god I have a uniform and don't have to worry about what to wear everyday	😇	😇	🖤	😇
24	Mood swings like...	😂	😂	😂	😵

浏览这些结果，我们可以看到，当模型计算错误时，它们会给出与原始推文表情符号非常相似的表情符号。有时预测结果似乎比原推文中实际使用的表情符号更合适，也有时没有一个模型能够给出很好的预测。

讨论

查看真实数据可以帮助我们了解模型究竟在哪里存在问题。在这种情况下，提高性能的一个简单方法是将所有类似的表情符号视为相同的符号。不同的心形表情与不同的笑脸表情所表达的意思其实大致相同。

另外一种提高性能的方法是学习表情符号的嵌入。这可以为我们提供一个表情符号之间关联的大致概念。然后，我们就可以建立一个将表情符号相似性考虑在内的损失函数，而非采用严格的正确 / 不正确的度量。

7.11 组合模型

问题

你希望能够利用模型组合的预测优势，以获得更好的结果。

解决方案

将多个模型组合成一个集成模型。

利用群体智慧以获得更好的结果，即群体意见的平均值通常要比单一意见的结果更准确，这个道理同样适用于机器学习模型。使用三个模型作为输入，以及使用 Keras 的 Average 层将输出结果组合起来，我们可以将三个模型组合成一个模型：

```
def prediction_layer(model):
    layers = [layer for layer in model.layers
              if layer.name.endswith('_predictions')]
    return layers[0].output

def create_ensemble(*models):
    inputs = [model.input for model in models]
    predictions = [prediction_layer(model) for model in models]
    merged = Average()(predictions)
    model = Model(
        inputs=inputs,
        outputs=[merged],
    )
    model.compile(loss='sparse_categorical_crossentropy',
                  optimizer='rmsprop',
                  metrics=['accuracy'])
    return model
```

我们需要不同的数据生成器来训练这个模型。我们现在拥有三个输入，而非之前的单一输入。由于它们有不同的名称，所以可以让数据生成器生成一个字典以提供三个输入。我们还需要进行一些操作以使字符级数据与单词级数据对齐：

```
def combined_data_generator(tweets, tokens, batch_size):
    tweets = tweets.reset_index()
    while True:
        batch_idx = random.sample(range(len(tweets)), batch_size)
```

```
tweet_batch = tweets.iloc[batch_idx]
token_batch = tokens[batch_idx]
char_vec = np.zeros((batch_size, max_sequence_len, len(chars)))
token_vec = np.zeros((batch_size, max_num_tokens))
y = np.zeros((batch_size,))
it = enumerate(zip(token_batch, tweet_batch.iterrows()))
for row_idx, (token_row, (_, tweet_row)) in it:
    y[row_idx] = emoji_to_idx[tweet_row['emoji']]
    for ch_idx, ch in enumerate(tweet_row['text']):
        char_vec[row_idx, ch_idx, char_to_idx[ch]] = 1
    token_vec[row_idx, :] = token_row
yield {'char_cnn_input': char_vec,
       'cnn_input': token_vec,
       'lstm_input': token_vec}, y
```

然后，我们可以使用以下方法训练模型：

```
BATCH_SIZE = 512
ensemble.fit_generator(
    combined_data_generator(train_tweets, training_tokens, BATCH_SIZE),
    epochs=20,
    steps_per_epoch=len(train_tweets) / BATCH_SIZE,
    verbose=2,
    callbacks=[early]
)
```

讨论

组合模型或集成模型是很好的方法，它将解决一个问题的多个不同的方法组合成一个模型。在像 Kaggle 这类流行的机器学习竞赛中，胜出的模型大部分都基于这种技术，这并非是巧合。

与其完全隔离几种模型，然后在最后阶段才使用 Average 层来组合模型，我们也可以更早地组合多个模型，例如通过连接每个模型的第一个密集层来实现。实际上，这在某种程度上就是我们在更复杂的 CNN 上所做的操作——在对 CNN 的操作中，我们针对较小的子网使用了不同大小的窗口，然后将其组合起来获得最终的结果。

第8章

Sequence-to-Sequence 映射

在本章中，我们将介绍如何使用 Sequence-to-Sequence 神经网络来学习文本片段之间的转换。这是一种相对较新的技术，也拥有十分诱人的应用前景。Google 宣称已经使用这种技术对 Google 机器翻译产品进行了大幅改进。此外，它还拥有一个开源版本，可以纯粹基于双语对照文本学习语言翻译。

本章一开始不会从很深入或者很难理解的地方着手介绍这项技术。相反，会从一个学习英文复数规则的简单模型开始。之后，将从古腾堡计划的 19 世纪小说中提取对话，并在其上训练聊天机器人。对于最后一个步骤，我们将不得不放弃在 notebook 中运行 Keras 的安全性，转而使用 Google 的开源 seq2seq 工具包。

本章的代码可从以下 Python notebook 中找到：

```
08.1 Sequence to sequence mapping
08.2 Import Gutenberg
08.3 Subword tokenizing
```

8.1 训练一个简单的 Sequence-to-Sequence 模型

问题

如何训练模型，实现一个转换的逆向工程？

解决方案

使用 Sequence-to-Sequence 映射器。

在第 5 章中，我们研究了如何使用循环网络来"学习"序列的规则。该模型学习了如何最佳地表示一个序列，从而预测接下来的元素将是什么。Sequence-to-Sequence 映射建立在该原理之上，但不同的是，这次模型学会了根据第一个序列预测另一个完全不同的序列。

我们可以使用 Sequence-to-Sequence 映射去学习各种各样的转换。让我们一起思考一下英语中的单复数转换问题。乍一看，这似乎只是一个在单词后面添加 s 的过程，但是如果再深入思考一下，就会发现转换规则其实要比仅仅添加 s 复杂得多。

该模型与第 5 章中使用的模型非常相似，但是现在的模型中不仅输入是序列，输出也是序列。可以通过使用 RepeatVector 层实现这点，RepeatVector 层允许从输入向量映射到输出向量：

```
def create_seq2seq(num_nodes, num_layers):
    question = Input(shape=(max_question_len, len(chars),
                     name='question'))
    repeat = RepeatVector(max_expected_len)(question)
    prev = input
    for _ in range(num_layers)::
        lstm = LSTM(num_nodes, return_sequences=True,
                    name='lstm_layer_%d' % (i + 1))(prev)
        prev = lstm
    dense = TimeDistributed(Dense(num_chars, name='dense',
                            activation='softmax'))(prev)
    model = Model(inputs=[input], outputs=[dense])
    optimizer = RMSprop(lr=0.01)
    model.compile(loss='categorical_crossentropy',
                  optimizer=optimizer,
                  metrics=['accuracy'])
    return model
```

数据的预处理过程与前几章一样。我们读取文件 *data/plurals.txt* 中的数据并对其矢量化。在这里，可以考虑使用一个小技巧，就是是否反转输入中的字符串。如果进行了反转，那么生成输出就会变得像展开处理一样，这样可能会更容易一些。

该模型需要相当长的时间才能够达到 99% 左右的精确率，其中大部分时间都用于学习如何重现单词单数形式和复数形式共享的前缀。事实上，在检查精确率为 99% 左右的模型的性能时，会发现模型所犯的大部分错误仍旧发生在上述区域。

讨论

Sequence-to-Sequence 模型是一个非常强大的工具，只要给予足够的资源，它几乎可以学会任何一种转换。学习英文中的单复数转换规则只是一个简单的例子。在前沿科技公司所提供的最先进的机器翻译解决方案中，这类模型是必不可少的要素。

类似本节所探讨的这类简单模型可以学习如何将数字添加到罗马符号中，或者学习英文文字和音标之间的互译，这是构建文本转语音系统十分有用的第一步。

在接下来的几节中，我们将看到如何使用这种技术来训练基于 19 世纪小说中的对话的聊天机器人。

8.2 从文本中提取对话

问题

如何获得一个大型语料库？

解决方案

解析古腾堡计划提供的一些文本，并且提取其中所有的对话。

首先从古腾堡计划下载一套书籍。我们可以下载所有的书籍，但在这里将主要关注那些 1835 年之后出生的作者的作品。这样有助于确保对话相对现代一些。*data/books.json* 文档包含了相关参考资料：

```
with open('data/gutenberg_index.json') as fin:
```

```
    authors = json.load(fin)
recent = [x for x in authors
        if 'birthdate' in x and x['birthdate'] > 1830]
[(x['name'], x['birthdate'], x['english_books']) for x in recent[:5]]

[('Twain, Mark', 1835, 210),
 ('Ebers, Georg', 1837, 164),
 ('Parker, Gilbert', 1862, 135),
 ('Fenn, George Manville', 1831, 128),
 ('Jacobs, W. W. (William Wymark)', 1863, 112)]
```

这些书大多以 ASCII 格式存放。段落之间用两个换行符分隔，而对话大部分使用双引号标识。一小部分书籍中使用单引号标识，但是在这里，我们会忽略这部分对话，因为单引号也可能会出现在文本的其他地方。只要引号外的文本长度少于 100 个字符，就假设会话在持续进行（例如如下文本——"hi"，he said, "How are you ?"）：

```
def extract_conversations(text, quote='"'):
    paragraphs = PARAGRAPH_SPLIT_RE.split(text.strip())
    conversations = [['']]
    for paragraph in paragraphs:
        chunks = paragraph.replace('\n', ' ').split(quote)
        for i in range((len(chunks) + 1) // 2):
            if (len(chunks[i * 2]) > 100
                or len(chunks) == 1) and conversations[-1] != ['']:
                if conversations[-1][-1] == '':
                    del conversations[-1][-1]
                conversations.append([''])
            if i * 2 + 1 < len(chunks):
                chunk = chunks[i * 2 + 1]
                if chunk:
                    if conversations[-1][-1]:
                        if chunk[0] >= 'A' and chunk[0] <= 'Z':
                            if conversations[-1][-1].endswith(','):
                                conversations[-1][-1] = \
                                    conversations[-1][-1][:-1]
                                conversations[-1][-1] += '.'
                            conversations[-1][-1] += ' '
                    conversations[-1][-1] += chunk
        if conversations[-1][-1]:
            conversations[-1].append('')

    return [x for x in conversations if len(x) > 1]
```

对前 1000 位作者进行上述操作后，可得到一组很好的对话数据：

```
for author in recent[:1000]:
```

```
    for book in author['books']:
        txt = strip_headers(load_etext(int(book[0]))).strip()
        conversations += extract_conversations(txt)
```

这需要花费一些时间，所以最好将结果存储到文件中：

```
with open('gutenberg.txt', 'w') as fout:
    for conv in conversations:
        fout.write('\n'.join(conv) + '\n\n')
```

讨论

正如在第 5 章中看到的那样，如果不介意古腾堡计划中的文本比较陈旧（因为该计划需要等文本版权过期后才能录入），那么古腾堡计划是一个很好的免费文本资源。

古腾堡计划开始实施之时，人们尚未开始关注排版和插图的作用，因此所有的文档都是以纯 ASCII 格式生成的。虽然这并不是真实书籍的最佳格式，但这使得解析相对容易一些。文本的段落之间由双换行符分隔，并且没有任何可能引起混淆的引用或者标记。

8.3 处理开放词汇表

问题

如何只使用固定数量的标记来完全切分文本？

解决方案

使用子词（subword）单元进行切分。

在上一章，对于在词汇表（由前 50 000 个单词组成）中找不到的单词，就直接跳过了。通过子词单元（subword-unit）切分，可以将不经常出现的单词分解为子单元（subunit）。可以持续这样操作，直到所有单词和子单元都能够与固定大小词汇表的单词相匹配。

例如，如果需要处理单词"*working*"和"*worked*"，那么可以将它们分解为

"*work*""*-ed*"和"*-ing*"。这三个标记很有可能与我们词汇表中的其他标记重叠，因此能够减小整体词汇表的大小。这里使用的算法很简单。将所有的标记切分成组成它们的独立字母。此时，每个字母都是一个子词标记，而且很有可能其数量少于我们的最大标记数。然后，找出出现次数最多的一对子词标记。在英语中通常是 (*t, h*)。之后，将该对子词组合起来。这通常会使子词标记的数量加 1，除非这对子词标记中的一项（在配对后）处理完毕了。持续上述过程，直到最终获得了所需的子词和单词标记数量。

虽然（完成上述过程的）代码并不复杂，但是使用该算法的开源版本（*https://github.com/rsennrich/subword-nmt*）也是很合理的选择。这个切分过程包含三个步骤。

第一步是切分语料库。默认的切分器（tokenizer）只对文本进行切分，这就意味着它会保留所有的标点符号，通常这些符号会被附加到前一个单词上。我们想要一个更加先进的切分器，希望删除除了问号之外所有的标点符号。同时，我们还会将所有内容都转换成小写，并且用空格替换下划线：

```
RE_TOKEN = re.compile('(\w+|\?)', re.UNICODE)
token_counter = Counter()
with open('gutenberg.txt') as fin:
    for line in fin:
        line = line.lower().replace('_', ' ')
        token_counter.update(RE_TOKEN.findall(line))
with open('gutenberg.tok', 'w') as fout:
    for token, count in token_counter.items():
        fout.write('%s\t%d\n' % (token, count))
```

现在，可以学习子词标记：

```
./learn_bpe.py -s 25000 < gutenberg.tok > gutenberg.bpe
```

然后，可以将它们应用于任何文本：

```
./apply_bpe.py -c gutenberg.bpe < some_text.txt > some_text.bpe.txt
```

结果 *some_text.bpe.txt* 看起来像是我们的原始语料库，但是其中比较不常见的标记被拆分开，并以 *@@* 结尾表示延续性。

讨论

将文本切分为单词是减小文档大小的一个有效方法。正如在第 7 章中看到的那样，它可以通过加载预先训练的词嵌入来帮助我们启动最初的学习过程。但是它也有一个缺点：较大的文本包含许多不同的单词，以至于我们不可能涵盖所有的单词。一种解决方案是跳过不在我们词汇表中的单词，或者用固定的 UNKNOWN 标记替换它们。这种方案对于情感分析来说效果并不算差，但是对于想要生成文本输出的任务来说，它的效果就没那么令人满意。在这种情况下，子词单元切分是一个很好的解决方案。

现阶段，另一种很有吸引力的方案是训练一个字符级模型，为不在词汇表中的单词生成嵌入。

8.4 训练 seq2seq 聊天机器人

问题

你希望训练一个深度学习模型，以重现对话语料库的特征。

解决方案

使用 Google 的 seq2seq 框架。

8.1 节中的模型能够学习序列（甚至是相当复杂的序列）之间的关系。然而，Sequence-to-Sequence 模型很难进行性能调优。2017 年年初，Google 发布了 seq2seq，这是一个专门为解决上述问题开发的库，可直接在 TensorFlow 上运行。它使我们能够专注于模型的超参数优化，而不是代码细节。

seq2seq 框架希望将其输入拆分为训练集（training）、评估集（evaluation）和开发集（development）。每个集合应包含源文件和目标文件，两个文件每行均一一对应，分别定义了模型的输入和输出。在我们的例子中，源文件应包含对话的提示，目标文件则包含了答案。然后，该模型将尝试学习如何从提示中获得答案，即学习如何生成一段对话。

第一步是将对话分成“(source, target)”对。针对对话中的连续语句行，提取第一句和最后一句分别作为源和目标：

```
RE_TOKEN = re.compile('(\w+|\?)', re.UNICODE)
def tokenize(st):
    st = st.lower().replace('_', ' ')
    return ' '.join(RE_TOKEN.findall(st))
pairs = []
prev = None
with open('data/gutenberg.txt') as fin:
    for line in fin:
        line = line.strip()
        if line:
            sentences = nltk.sent_tokenize(line)
            if prev:
                pairs.append((prev, tokenize(sentences[0])))
            prev = tokenize(sentences[-1])
        else:
            prev = None
```

现在，打乱"(source, target)"对，并将它们分为三个集合。dev 和 test 集分别包括了 5% 的数据：

```
random.shuffle(pairs)
ss = len(pairs) // 20

data = {'dev': pairs[:ss],
        'test': pairs[ss:ss * 2],
        'train': pairs[ss * 2:]}
```

接下来，需要解除配对并将它们放入正确的目录结构中：

```
for tag, pairs2 in data.items():
    path = 'seq2seq/%s' % tag
    if not os.path.isdir(path):
        os.makedirs(path)
    with open(path + '/sources.txt', 'wt') as sources:
        with open(path + '/targets.txt', 'wt') as targets:
            for source, target in pairs2:
                sources.write(source + '\n')
                targets.write(target + '\n')
```

现在是时候训练网络了。复制 seq2seq 存储库并安装依赖项。推荐在独立的 virtualenv 中执行此操作：

```
git clone https://github.com/google/seq2seq.git
cd seq2seq
pip install -e .
```

下面设置一个环境变量，指向存放在一起的数据：

```
Export SEQ2SEQROOT=/path/to/data/seq2seq
```

seq2seq 库中包含了许多配置文件，可以在 *example_configs* 目录中尝试混合
搭配使用它们。在本章的例子中，我们希望训练一个大的模型：

```
python -m bin.train \
      ./example_configs/train_seq2seq.yml" \
  --model_params "
      vocab_source: $SEQ2SEQROOT/gutenberg.tok
      vocab_target: $SEQ2SEQROOT/gutenberg.tok" \
  --input_pipeline_train "
    class: ParallelTextInputPipeline
    params:
      source_files:
        - $SEQ2SEQROOT/train/sources.txt
      target_files:
        - $SEQ2SEQROOT/train/targets.txt" \
  --input_pipeline_dev "
    class: ParallelTextInputPipeline
    params:
      source_files:
        - $SEQ2SEQROOT/dev/sources.txt
      target_files:
        - $SEQ2SEQROOT/dev/targets.txt" \
  --batch_size 1024  --eval_every_n_steps 5000 \
  --train_steps 5000000 \
  --output_dir $SEQ2SEQROOT/model_large
```

令人遗憾的是，即使是在具有强大 GPU 的系统上，也需要数天才能获得一些
像样的结果。如果你并不想等数天，那么在 notebook 的 *zoo* 目录中已经包含
了一个预训练的模型。

该库并没有提供以交互方式运行模型的方法。第 16 章将研究如何做到这一
点，但是现在可以通过将测试问题添加到文件中（例如 */tmp /test_questions.txt*
文件）并执行它，以快速获得一些结果：

```
python -m bin.infer \
  --tasks "
    - class: DecodeText" \
  --model_dir $SEQ2SEQROOT/model_large \
  --input_pipeline "
    class: ParallelTextInputPipeline
```

```
params:
  source_files:
    - '/tmp/test_questions.txt'"
```

对于一个简单的对话，效果如下：

```
> hi
hi
> what is your name ?
sam barker
> how do you feel ?
Fine
> good night
good night
```

对于更复杂的句子，它的表现时好时坏。

讨论

尽管 seq2seq 模型对为图像添加字幕和为文本提取摘要也很有效，但是它的主要用途是自动翻译。参考资料中包含一个有关如何训练模型的教程（*https://google.github.io/seq2seq/nmt/*），该模型可在数周或数月内学会英德翻译且效果不错，学习时间的长短取决于硬件情况。Google 声称，将 Sequence-to-Sequence 模型作为其机器翻译的核心技术之后，翻译质量得到了显著提升。

关于 Sequence-to-Sequence 映射的一个有趣的思考方式是，将其视为一个嵌入过程。对于翻译而言，源语句和目标语句都被投射到多维空间中，模型学习投射的过程，使得具有相同含义的语句最终投影到空间中相同的点。这引发了十分有趣的出现"零样本"（zero-shot）翻译的可能性——如果一个模型学会了如何在芬兰语和英语之间进行翻译，然后又学会了英语和希腊语之间的翻译，并且该模型使用了相同的语义空间，那么它就可以用于芬兰语和希腊语之间的直接翻译。这又展示了"思维向量"（thought vectors）的可能性，"思维向量"即为相对复杂概念的嵌入，它与第 3 章中的"单词向量"（word vector）拥有相似的属性。

第 9 章

复用预训练的图像识别网络

深度学习技术在图像识别和计算机视觉领域产生了比较深远的影响。在图像分类任务中，数十层（有时超过一百层）的神经网络已被证明十分有效，其表现有时甚至超过了人类。

训练这样的网络需要极佳的处理能力和海量的训练图像。幸运的是，通常并不需要从头开始，我们可以复用现有的神经网络。

在本章中，我们将介绍如何加载 Keras 提供的五个预训练网络之一，再研究图像输入网络之前所需要的预处理过程，最后展示如何运行网络的推理模式 (inference mode)，在该模式中我们可以询问神经网络认为图像里包含了什么。

接下来，我们将研究迁移学习 (transfer learning)——即采用一个预训练网络，针对其他任务的新数据进行部分地重新训练。我们将首先从 Flickr 获取一组包含猫或狗的图像。然后，我们训练网络区分它们。紧接着是一个应用实例，我们使用该网络来改进 Flickr 的搜索结果。最后，我们将下载一组包含 37 种宠物的图片，并训练一个可以在标记图片任务中击败普通人的神经网络。

本章的代码可从以下 Python notebook 中找到：

```
O9.1 Reusing a pretrained image recognition network
O9.2 Images as embeddings
O9.3 Retraini
```

9.1 加载预训练网络

问题

你想知道如何实例化一个预训练的图像识别网络。

解决方案

使用 Keras 加载一个预训练网络，如果需要的话，可以下载网络权重。

Keras 不仅可以使构建网络更加轻松，还提供了多种可供参考的预训练网络，我们可以轻松加载预训练网络：

```
model = VGG16(weights='imagenet', include_top=True)
model.summary()
```

这种方法还能够显示网络摘要，展示网络各层的信息。当我们想要使用预训练网络时，这是十分有用的，因为它不仅会显示各层名称，还会显示它们的大小以及连接方式。

讨论

Keras 提供了许多主流的图像识别网络可供轻松下载。下载内容将缓存在 *~/.keras/models/* 中，因此通常你只需要下载一次。

总的来说，我们有五种不同的网络可以使用（VGG16、VGG19、ResNet50、Inception V3 和 Xception）。它们在复杂性和网络结构方面有所不同，但是对于大多数相对简单的应用场景来讲，选择哪个模型可能并不重要。VGG16 的深度"只有"16 层，因此我们更容易检验该模型 。Inception V3 网络层数更多一些，但是其变量减少了 85%，这使得它的加载速度更快，而且内存密集度更低。

9.2 图像预处理

问题

你已经完成了预训练网络的加载，但是现在你需要知道如何在图像输入网络之前对其进行预处理。

解决方案

裁剪图像,将图像调整到合适大小,并对颜色做归一化处理。

Keras 中所有的预训练网络都期望输入图像是方形的且拥有特定尺寸。此外,颜色通道也需完成归一化处理。在训练时对图像做归一化处理,可以使网络更容易专注于重要的事情,而不会"分心"。

我们可以使用 PIL/Pillow 来加载并对图像进行中心裁剪:

```
img = Image.open('data/cat.jpg')
w, h = img.size
s = min(w, h)
y = (h - s) // 2
x = (w - s) // 2
img = img.crop((x, y, s, s))
```

我们可以通过查询 input_shape 属性从网络的第一层中获取所需的输入图像尺寸。此属性中还包含了颜色深度,但是根据架构的不同,该属性可能是第一个维度也可能是最后一个维度。通过对其调用 max 函数,我们可以获得该属性的维度值:

```
target_size = max(model.layers[0].input_shape)
img = img.resize((target_size, target_size), Image.ANTIALIAS)
imshow(np.asarray(img))
```

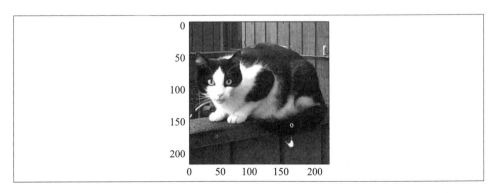

最后,我们需要将图像转换为适合网络处理的格式,包括将图像转换为数组,扩展数组维度以使其成为批次数据,并对颜色进行归一化处理:

```
np_img = image.img_to_array(img)
img_batch = np.expand_dims(np_img, axis=0)
pre_processed = preprocess_input(img_batch)
pre_processed.shape

(1, 224, 224, 3)
```

现在，我们已经准备好对图像进行分类了！

讨论

中心裁剪并不是我们唯一的选择。事实上，Keras 在 image 模块中包含一个
load_img 函数，它可以加载并调整图像大小，但不能进行图像裁剪。将图
像调整成网络所需的尺寸大小是一个很好的通用策略。

通常，中心裁剪是最佳策略，因为我们想要分类的内容一般位于图像中间，
而且如果只是简单地改变图像的尺寸可能会导致图像变形。但在某些情况下，
特殊的策略可能效果会更好。举例来说，如果我们的图像是在白色背景上有
一个非常高的物体，那么中心裁剪就有可能会剪切掉太多的图像内容，而调
整大小又会导致一定程度的图像变形。此时，更好的解决方案是在两侧用白
色像素填充以使图像成为正方形。

9.3 推测图像内容

问题

如果你有一张图像，你如何知道它展示的内容是什么？

解决方案

使用预训练网络对图像内容进行推测。

一旦我们拥有了格式正确的图像，我们就可以在模型上调用 predict 方法：

```
features = model.predict(pre_processed)
features.shape

(1, 1000)
```

对于批数据中的每个图像，推测结果以大小为（1, 1000）的 numpy 数组形式（一个大小为 1000 的矢量）返回。向量中的每个条目对应一个标签，条目的数值则表示图像展示内容为该标签的可能性。

Keras 中有一个十分方便易用的函数 `decode_predictions`，该函数可以找到可能性得分最高的条目，并返回该条目对应标签和具体分值。

```
decode_predictions(features, top=5)
```

下面代码给出的是上一技巧中示例图像的推测结果：

```
[[(u'n02124075', u'Egyptian_cat', 0.14703247),
  (u'n04040759', u'radiator', 0.12125628),
  (u'n02123045', u'tabby', 0.097638465),
  (u'n03207941', u'dishwasher', 0.047418527),
  (u'n02971356', u'carton', 0.047036409)]]
```

从推测结果可以看出，网络认为我们看到的是猫。第二高的推测结果是散热器，这有点令人意外，不过图片中的背景看起来确实也有点像散热器。

讨论

该网络的最后一层包含一个 softmax 激活函数。该函数确保所有类的激活值总和等于 1。鉴于训练过程中网络的学习方式，这些激活值可以被认为是图像与不同类的匹配程度。

预训练网络通常都附带了多达 1000 种可供识别的图像，这是由于它们大都针对 ImageNet 竞赛（*http://www.image-net.org/challenges/LSVRC/*）进行过训练。这使得比较预训练网络间的性能变得更加容易，不过除非我们刚好想要检测属于该竞赛的图像，不然这样比较也并没有什么实际意义。在下一章中，我们将看到如何使用这些预训练网络对自己挑选的图像进行分类。

这类网络的另一个局限是只能返回一个答案，但是图像中通常包含多个对象。我们将在第 11 章中研究如何解决这个问题。

9.4 使用 Flickr API 收集一组带标签的图像

问题

你如何快速形成一组带标签的图像以进行实验？

解决方案

使用 Flickr API 的 `search` 函数。

要使用 Flickr API，你需要一个 API key，请访问 *https:// www.flickr.com/services/ apps/create* 注册应用程序。拥有 API key 和密钥后，就可以使用 `flickrapi` 库搜索图像了：

```
flickr = flickrapi.FlickrAPI(FLICKR_KEY, FLICKR_SECRET, format='parsed-json')
res = flickr.photos.search(text='"cat"', per_page='10', sort='relevance')
photos = res['photos']['photo']
```

默认情况下，Flickr 返回的图片并不包含 URL。但是，我们可以使用图片信息重建 URL：

```
def flickr_url(photo, size=''):
    url = 'http://farm{farm}.staticflickr.com/{server}/{id}_{secret}{size}.jpg'
    if size:
        size = '_' + size
    return url.format(size=size, **photo)
```

在 notebook 中显示图像，最简单的办法是使用 HTML 方法：

```
tags = ['<img src="{}" width="150" style="display:inline"/>'
        .format(flickr_url(photo)) for photo in photos]
HTML(''.join(tags))
```

使用上述方法应该会为我们返回很多包含猫的图片。在确认拥有了适合的图像之后，接下来让我们下载一个稍微大一点的测试集：

```
def fetch_photo(dir_name, photo):
    urlretrieve(flickr_url(photo), os.path.join(dir_name, photo['id'] + '.jpg'))

def fetch_image_set(query, dir_name=None, count=250, sort='relevance'):
    res = flickr.photos.search(text='"{}"'.format(query),
                               per_page=count, sort=sort)['photos']['photo']
```

```
        dir_name = dir_name or query
        if not os.path.exists(dir_name):
            os.makedirs(dir_name)
        with multiprocessing.Pool() as p:
            p.map(partial(fetch_photo, dir_name), res)

    fetch_image_set('cat')
```

讨论

在进行深度学习实验时，获得良好的训练数据始终是一个非常关键的问题。对于图像来说，Flickr API 是一个最好的选择，它能够让我们轻松访问数十亿张图像。我们不仅可以根据关键字和标签寻找图像，还可以通过拍摄地点寻找图像。此外，我们还可以通过使用途径来筛选图像。对于随机试验来说，这些并不是重要的因素，但是如果我们想要以某种方式重新发布图像，那么这肯定会派上用场。

Flickr API 使我们能够访问常见的、用户生成的图像。还有一些其他可供选择的 API，根据使用目的的不同，表现性能也许会更好。在第 10 章中，我们将了解如何直接从维基百科中获取图像。Getty Images（*http://developers.gettyimages.com/*）提供了一个很好的存量图像 API，而 500px（*https://github.com/500px/api-documentation*）的 API 则可以提供具有较高质量的图像。这两个 API 对图像的重新发布有着严格的规定，但是对于实验来说都非常合适。

9.5 构建一个分辨猫狗的分类器

问题

你希望能够将图像分成两类。

解决方案

在预训练网络输出的特征值基础之上，训练一个支持向量机（support vector machine）。

让我们从获取包含狗的图像训练集开始：

```
fetch_image_set('dog')
```

首先将图像作为一个向量加载，先加载包含猫的图片，然后是包含狗的图片：

```
images = [image.load_img(p, target_size=(224, 224))
          for p in glob('cat/*jpg') + glob('dog/*jpg')]
vector = np.asarray([image.img_to_array(img) for img in images])
```

现在加载预训练模型，并以该预训练模型为基础构建一个新的模型，该模型使用 fc2 作为输出。fc2 是网络分配标签之前的最后一个全连接层。图像在该层的值能够抽象地表征该图像。换句话说，它可以将图像投影到高维语义空间：

```
base_model = VGG16(weights='imagenet')
model = Model(inputs=base_model.input,
              outputs=base_model.get_layer('fc2').output)
```

接下来，在所有图像上运行我们的模型：

```
vectors = model.predict(vector)
vectors.shape
```

对于 500 幅图像中的每一幅，现在我们都有了一个维度是 4096 的矢量来表征该图像。与第 4 章类似，我们可以构建一个支持向量机来寻找这个空间中猫和狗的区别。

运行 SVM 并显示性能结果：

```
X_train, X_test, y_train, y_test = train_test_split(
    p, [1] * 250 + [0] * 250, test_size=0.20, random_state=42)

clf = svm.SVC(kernel='rbf')
clf.fit(X_train, y_train)
sum(1 for p, t in zip(clf.predict(X_test), y_test) if p != t)
```

对于所获取的图像，我们可以看到模型的精确率在 90% 左右。可以使用以下代码查看针对哪些图像的推测出现了错误：

```
mm = {tuple(a): b for a, b in zip(p, glob('cat/*jpg') + glob('dog/*jpg'))}
wrong = [mm[tuple(a)] for a, p, t in zip(X_test,
                                         clf.predict(X_test),
                                         y_test) if p != t]
```

```
for x in wrong:
    display(Image(x, width=150))
```

总的来说，我们的网络表现得并不算糟糕。就算是我们自己有时可能也会对数据集中某些标记为猫或狗的图像感到十分困惑！

讨论

正如在4.3节中所看到的，在高维空间上，当我们需要一个分类器时，支持向量机是一个不错的选择。这里，我们获取图像识别网络的输出，并将这些矢量视为图像嵌入。我们让SVM找到区分猫与狗的超平面。这种方法很适合二分类问题。在多于两类的情况中，我们也可以使用SVM，但情况会变得更加复杂，在这种情况下，为网络添加一个层以完成繁重的工作可能会更好。9.7节展示了如何完成上述操作。

很多情况下，分类器无法得出正确答案的原因是图像搜索结果的质量不佳。在下一个技巧中，我们将了解如何使用已获取的图像特征来改进搜索结果。

9.6 改进搜索结果

问题

如何从一组图像中滤除异常值？

解决方案

将图像分类器中最顶层的特征视为图像嵌入，并在该空间中查找异常值。正如我们在上一节中所讨论的，在一些情况下网络无法正确分辨猫和狗的原因之一是网络看到的图像质量不佳。甚至有些情况下，图像中根本不包含猫或狗，这时网络只能臆测图像的内容。

Flickr搜索API并不会返回图像内容与查询文本匹配的图像，而是返回标签、描述或标题与文本相匹配的图像。即使是主流的搜索引擎也是最近才开始关注搜索返回图像里的实际内容的。(所以，搜索"猫"可能会返回一张狮子的图片，因为其标题可能是"看看这只大猫"。)

只要大多数返回的图像确实与用户的搜索意图相匹配，我们就可以通过过滤异常值的方式来改进搜索性能。对于一个生产系统，我们可能需要探寻更复杂的算法。但是在本例中，至多只有几百个图像和数千个维度，我们可以通过相对简单的方法实现性能提升。

让我们从获得一些近期的、包含猫的图片开始入手。由于在这里我们是按照时间远近而不是相关性来分类图片，因此可以预料到搜索结果可能并不会十分精确：

```
fetch_image_set('cat', dir_name='maybe_cat', count=100, sort='recent')
```

和之前一样，我们将图像转换成为一个向量：

```
maybe_cat_fns = glob('maybe_cat/*jpg')
maybe_cats = [image.load_img(p, target_size=(224, 224))
              for p in maybe_cat_fns]
maybe_cat_vectors = np.asarray([image.img_to_array(img)
                                for img in maybe_cats])
```

首先，我们通过找到"可能是猫（maybe cat）"的图像空间中的平均点来寻找异常值：

```
centroid = maybe_cat_vectors.sum(axis=0) / len(maybe_cats)
```

然后，我们计算"猫图像"矢量到质心的距离：

```
diffs = maybe_cat_vectors - centroid
distances = numpy.linalg.norm(diffs, axis=1)
```

现在，我们可以查看与平均的"猫图像"最不相似的图像：

```
sorted_idxs = np.argsort(distances)
for worst_cat_idx in sorted_idxs[-10:]:
    display(Image(maybe_cat_fns[worst_cat_idx], width=150))
```

通过以上方式滤除不含猫的图片的效果相当不错，但是由于异常值在一定程度上影响了平均矢量，所以列表顶端的数据噪音比较大。改善这一点的方法之一是在当前结果上反复计算质心，就像是一个"如穷苦人一样辛苦劳作的"

异常值过滤器：

```
to_drop = 90
sorted_idxs_i = sorted_idxs
for i in range(5):
    centroid_i = maybe_cat_vectors[sorted_idxs_i[:-to_drop]].sum(axis=0) /
        (len(maybe_cat_fns) - to_drop)
    distances_i = numpy.linalg.norm(maybe_cat_vectors - centroid_i, axis=1)
    sorted_idxs_i = np.argsort(distances_i)
```

通过上述技巧，我们获得了相当不错的结果。

讨论

在本节中，我们使用了与 9.5 节相同的技术来改进 Flickr 的搜索结果。我们将图像的高维空间视为一个很大的"点云"。

我们尝试寻找处于最中心位置的猫图像，而不是去寻找将狗图像与猫图像区分开来的超平面。然后，我们假设到这个典型的猫图像的距离就是度量图像"猫属性"的良好标准。

我们采用了一种简单的方法来寻找处于中心位置的猫图像——只需要计算坐标平均值，去掉异常点，再计算平均值，反复重复以上步骤。筛选高维空间中的异常点是一个非常热门的研究领域，目前仍有很多有趣的算法正处于开发阶段中。

9.7 复训图像识别网络

问题

如何训练网络识别某个特定类别的图像？

解决方案

使用从预训练网络中获得的特征值训练分类器。

如果我们有两类图像，那么在预训练网络上运行 SVM 是一个很好的解决方案，但是如果我们需要将图像分成许多类，那么 SVM 就不太适用了。举例来说，在 Oxford-IIIT Pet Dataset 中包含了 37 种不同的宠物类别，每种类别约有 200 张图片。

从头开始训练网络需要花费大量的时间，而且结果可能并不理想——7 000 张图像对于深度学习来说并不算多。我们的替代方法是采用一个预训练网络，去掉网络顶层，并在此基础上构建我们自己的网络。这样做的原因是预训练网络的底层可以识别图像中的特征，而我们提供的层则可以用来学习如何区分这些宠物。

让我们加载 Inception 模型，去掉顶层，然后冻结权重。冻结权重意味着在训练期间我们将不再改变它们：

```
base_model = InceptionV3(weights='imagenet', include_top=False)
for layer in base_model.layers:
    layer.trainable = False
```

现在，让我们在顶部添加一些可训练的层，并在顶部和底部之间添加一个全连接层。我们让模型预测图像中的动物是哪种宠物：

```
pool_2d = GlobalAveragePooling2D(name='pool_2d')(base_model.output)
dense = Dense(1024, name='dense', activation='relu')(pool_2d)
predictions = Dense(len(idx_to_labels), activation='softmax')(dense)
model = Model(inputs=base_model.input, outputs=predictions)
model.compile(optimizer='rmsprop',
              loss='categorical_crossentropy',
              metrics=['accuracy'])
```

解压 Oxford-IIIT Pet Data-set 提供的 tar.gz，并从中加载数据。解压后的图像文件名称格式为 *<class_name>_<idx>.jpg*，我们需要在更新 label_to_idx 和 idx_to_label 表时，去掉 *<class_name>*：

```
pet_images_fn = [fn for fn in os.listdir('pet_images') if fn.endswith ('.jpg')]
labels = []
idx_to_labels = []
label_to_idx = {}
for fn in pet_images_fn:
    label, _ = fn.rsplit('_', 1)
    if not label in label_to_idx:
        label_to_idx[label] = len(idx_to_labels)
        idx_to_labels.append(label)
    labels.append(label_to_idx[label])
```

接下来，我们将图像转换为训练数据：

```
def fetch_pet(pet):
    img = image.load_img('pet_images/' + pet, target_size=(299, 299))
    return image.img_to_array(img)
img_vector = np.asarray([fetch_pet(pet) for pet in pet_images_fn])
```

并将标签设置为独热编码向量：

```
y = np.zeros((len(labels), len(idx_to_labels)))
for idx, label in enumerate(labels):
    y[idx][label] = 1
```

训练 15 轮后，我们可以获得不错的性能结果，精确率超过了 90%：

```
model.fit(
    img_vector, y,
    batch_size=128,
    epochs=30,
    verbose=2
)
```

我们在以上技巧中所应用的是迁移学习。我们可以通过解冻预训练网络的顶层，以便为训练提供更多余地，获得更好效果。mixed9 是网络中的一层，从底部到顶部数大约处于 2/3 的位置：

```
unfreeze = False
for layer in base_model.layers:
    if unfreeze:
        layer.trainable = True
    if layer.name == 'mixed9':
        unfreeze = True
model.compile(optimizer=SGD(lr=0.0001, momentum=0.9),
              loss='categorical_crossentropy', metrics=['accuracy'])
```

然后，我们可以继续训练模型：

```
model.fit(
    img_vector, y,
    batch_size=128,
    epochs=15,
    verbose=2
)
```

执行以上步骤，网络性能应该能够得到进一步提升，达到 98%！

讨论

迁移学习是深度学习领域中的一个关键概念。全球范围的机器学习专业领导者均会时常发布一些性能较好的网络架构，如果我们想要重现他们的结果，那么使用迁移学习技术就是一个良好的开端，但是我们并不总是能够轻松访问他们用于获得这些结果的训练数据。即使有访问权限，训练这些世界级的网络也需要大量的计算资源。

如果我们希望执行的任务与网络被训练执行的任务相同的话，那么获取经过实际训练的网络就会非常有用，如果我们想要执行的任务与网络被训练执行的任务类似，那么使用迁移学习会有很大帮助。Keras 已经为我们提供了各种各样的模型，但是如果这些对你来说还不够，那么也可以自己着手优化不同框架的模型。

第 10 章

构建反向图像搜索服务

在上一章中，我们看到了如何在自己的图像集上使用预训练网络，首先我们在网络之上运行分类器，然后在一个复杂示例中，我们展示了如何训练部分网络来识别新的图像类别。在本章中，我们将使用类似的方法来构建反向图像搜索引擎，即通过示例图像来搜索图像。

我们从研究如何查询维基数据（Wikidata），并从维基百科中获取适合的基础图像集开始。然后，我们将使用预训练网络为每个图像赋值，为嵌入做好准备。一旦我们拥有了这些嵌入，那么找到相似的图像就仅仅是最近邻搜索的问题了。最后，我们将研究主成分分析（Principal Component Analysis，PCA），并将其作为可视化地展现图与图之间关系的一种方法。

本章的代码可从以下 Python notebook 中找到：

```
10.1 Building an inverse image search service
```

10.1 从维基百科中获取图像

问题

如何从维基百科中获取涵盖了大部分图像类别的清晰图像集？

解决方案

使用维基数据里的元信息来查找描述某类事物的维基百科页面。

维基百科中包含了大量适用于各类用途的图像。但是，其中的绝大部分图像都是具体实例的图像，这并不是反向图像搜索引擎所需要的。我们想要获得的是一张能够代表猫这一物种的图像，而不是像加菲猫那样特定的猫图像。

维基数据可以理解成维基百科的"表兄弟"，区别是维基数据是结构化的，它的数据以三元组形式（主体，关系，对象）存储，并且编码了大量的谓词，这些谓词大部分基于维基百科。举例来说，其中的一个谓词"是……的实例 (instance of)"编码后用 P31 表示。我们要研究的就是一系列对象和图像的关系可以用"是……的实例"来表达的图像。我们可以使用维基数据的查询语句来查询这些图像：

```
query = """SELECT DISTINCT ?pic
WHERE
{
    ?item wdt:P31 ?class .
    ?class wdt:P18 ?pic
}
"""
```

我们可以使用请求调用维基数据的查询后端，并将生成的 JSON 文件解压成一系列图像信息：

```
url = 'https://query.wikidata.org/bigdata/namespace/wdq/sparql'
data = requests.get(url, params={'query': query, 'format': 'json'}).json()
images = [x['pic']['value'] for x in data['results']['bindings']]
```

程序返回的信息是图像页面的 URL，而不是图像本身。各类维基项目的图像应该存储在 *http://upload.wikimedia.org/wikipedia/commons/* 中，但也有例外——有些图像仍然存储在特定语种的文件夹中。因此，我们至少还需要检查英语文件夹 (*en*)。图像的实际 URL 由文件名、文件名 MD5 散列值的 hexdigest 返回结果的前两个字符决定。如果我们需要重复执行上述步骤，可以将图像存储在本地：

```
def center_crop_resize(img, new_size):
    w, h = img.size
    s = min(w, h)
    y = (h - s) // 2
    x = (w - s) // 2
    img = img.crop((x, y, s, s))
    return img.resize((new_size, new_size))
```

```python
def fetch_image(image_cache, image_url):
    image_name = image_url.rsplit('/', 1)[-1]
    local_name = image_name.rsplit('.', 1)[0] + '.jpg'
    local_path = os.path.join(image_cache, local_name)
    if os.path.isfile(local_path):
        img = Image.open(local_path)
        img.load()
        return center_crop_resize(img, 299)
    image_name = unquote(image_name).replace(' ', '_')
    m = md5()
    m.update(image_name.encode('utf8'))
    c = m.hexdigest()
    for prefix in ('http://upload.wikimedia.org/wikipedia/en',
                   'http://upload.wikimedia.org/wikipedia/commons'):
        url = '/'.join((prefix, c[0], c[0:2], image_name))
        r = requests.get(url)
        if r.status_code != 404:
            try:
                img = Image.open(BytesIO(r.content))
                if img.mode != 'RGB':
                    img = img.convert('RGB')
                img.save(local_path)
                return center_crop_resize(img, 299)
            except IOError:
                pass
    return None
```

上述技巧也有不奏效的时候。在本章的 notebook 中，包含了许多特殊案例，运行其中代码可以帮助我们获得更多的图像。

现在，我们要做的是抓取图像。这可能会耗费较长时间，我们可以使用 `tqdm` 来显示任务进度：

```python
valid_images = []
for image_name in tqdm(images):
    img = fetch_image(IMAGE_DIR, image_name)
    if img:
        valid_images.append(img)
```

讨论

维基数据的查询语言并不广为人知，但它是访问结构化数据的一种有效手段。本节中的例子十分简单，在网上你可以找到更复杂的查询任务，例如，查询全球最大的由女性市长管理的城市，或者最受欢迎的虚构人物姓氏。很多这类数据也可以从维基百科中获取，但是调用维基数据查询通常更快、更精确、更有乐趣。

维基媒体（Wikimedia）也是一个很好的图像数据来源。其中包含了数千万的可用图像，所有图像均具有十分友好的重用许可。此外，使用维基数据，我们可以访问这些图像的所有属性。你可以轻松扩展本技巧中的代码，使其不仅可以返回图像 URL，还可以以我们想要的语种返回图像中对象的名称。

 大多数情况下，本技巧中介绍的 `fetch_image` 函数都非常有效，但是也有例外情况。我们可以通过抓取维基数据返回的 URL 中的内容，并从 HTML 代码中提取 `<img>` 标记来对此进行改进。

10.2 向 N 维空间投影图像

问题

对于一组给定的图像，你如何排布它们，使相似的图像彼此位置更加接近？

解决方案

将图像识别网络最后一层的权重作为图像的嵌入。该层直接连接到得出最终结论的 `softmax` 层。因此，任何网络认为是猫的图像都应该具有更近似的值。

让我们加载并实例化预训练网络。这里我们将再次使用 Inception 模型，并使用 `.summary()` 方法来查看网络结构：

```
base_model = InceptionV3(weights='imagenet', include_top=True)
base_model.summary()
```

我们需要使用 `avg_pool` 层，它的大小是 2048：

```
model = Model(inputs=base_model.input,
              outputs=base_model.get_layer('avg_pool').output)
```

现在，我们可以在一幅图像或一组图像上运行该模型：

```
def get_vector(img):
    if not type(img) == list:
        images = [img]
    else:
        images = img
```

```
target_size = int(max(model.input.shape[1:]))
images = [img.resize((target_size, target_size), Image.ANTIALIAS)
          for img in images]
np_imgs = [image.img_to_array(img) for img in images]
pre_processed = preprocess_input(np.asarray(np_imgs))
return model.predict(pre_processed)
```

并且对我们在上一节中获得的图像分块进行索引（当然，如果你的内存足够大，也可以不做分块）：

```
chunks = [get_vector(valid_images[i:i+256])
          for i in range(0, len(valid_images), 256)]
vectors = np.concatenate(chunks)
```

讨论

在本技巧中，我们使用网络的最后一层获取嵌入。由于该层直接连接到确定实际输出的 softmax 层，因此我们希望权重可以形成一个语义空间，将所有包含猫的图像大致放在相同的区域里。但是如果我们选择一个不同的层，结果又会怎样呢？

理解图像识别卷积网络的一种方式，是将网络中的连续多层视为抽象维度不断增加的特征检测器。最底层可以直接作用于像素值，并会检测局部模式。最后一层则会检测类似图像的"猫属性"这样的概念。

选择较低的层将会获得较低抽象水平上的相似性结果，因此我们可以预想到，在这种情况下，程序并不会返回图像内容像猫的图像，而是会返回具有相似纹理的图像。

10.3 在高维空间中寻找最近邻

问题

如何在高维空间中找到彼此距离最近的点？

解决方案

使用 scikit-learn 的 k 最近邻算法（k-nearest neighbors）。

k最近邻算法会建立一个能够快速返回最近邻的模型。该算法比精确计算要快得多，但是会在准确率上有一些损失。它能够非常有效地在向量上构建一个距离索引。

```
nbrs = NearestNeighbors(n_neighbors=10,
                        balgorithm='ball_tree').fit(vectors)
```

使用该距离索引，我们可以快速从图像集中返回与给定输入图像最接近的匹配项。现在，我们可以开始实现反向图像搜索了！让我们把所有技巧结合起来，查找更多包含猫的图像：

```
cat = get_vector(Image.open('data/cat.jpg'))
distances, indices = nbrs.kneighbors(cat)
```

使用内联 HTML 图像显示最佳匹配结果：

```
html = []
for idx, dist in zip(indices[0], distances[0]):
    b = BytesIO()
    valid_images[idx].save(b, format='jpeg')
    b64_img = base64.b64encode(b.getvalue()).decode('utf-8'))
    html.append("<img  src='data:image/jpg;base64,{0}'/>".
        format(b64_img)
HTML(''.join(html))
```

现在，你应该可以看到一个很棒的由猫咪占据主导的图像列表！

讨论

最近邻的快速计算方法是机器学习中一个十分活跃的研究领域。最朴素的邻域搜索涉及数据集中所有点对之间距离的暴力计算（brute-force computation），如果我们在高维空间中拥有大量的数据点，那么这种计算方法很容易会失控。

scikit-learn 提供了很多能够预先计算树型结构的算法，这些算法可以帮助我们以牺牲一些内存为代价快速找到最近邻。通常的实现方法是使用一个算法将空间递归地分割成多个子空间，进而构建一个树形结构，关于其他的实现方法读者可进一步查阅相关资料。当我们需要查找近邻时，上述算法可以帮助我们快速确定应该在哪个子空间内进行查找。

10.4 探索嵌入中的局部邻域

问题

你希望探索图像的局部集群的样子。

解决方案

使用主成分分析来找出局部图像集的尺寸信息,尺寸大小能够用于辨别大部分的图像。

例如,假设有 64 幅图像与我们的猫图像最为接近:

```
nbrs64 = NearestNeighbors(n_neighbors=64, algorithm='ball_tree').fit(vectors)
distances64, indices64 = nbrs64.kneighbors(cat)
```

PCA 允许我们以对原始空间产生尽可能小的损失的方式减少空间维度。如果我们将维度降低至二维,PCA 可以找出符合以下条件的平面,即该平面使得我们提供的实例能够以尽可能少的损失投影到其上。如果我们再查看一下实例在该平面上的位置,就可以得到一个关于该局部近邻结构的大致概念。在本例中,我们将使用 TruncatedSVD 来实现上述内容:

```
vectors64 = np.asarray([vectors[idx] for idx in indices64[0]])
svd = TruncatedSVD(n_components=2)
vectors64_transformed = svd.fit_transform(vectors64)
```

现在,`vectors64_transformed` 的大小是 64×2。我们将在 8×8 的网格上绘制 64 个图像,每个网格大小为 75×75。让我们从坐标归一化开始:

```
mins = np.min(vectors64_transformed, axis=0)
maxs = np.max(vectors64_transformed, axis=0)
xys = (vectors64_transformed - mins) / (maxs - mins)
```

现在,我们可以绘制并显示局部区域:

```
img64 = Image.new('RGB', (8 * 75, 8 * 75), (180, 180, 180))

for idx, (x, y) in zip(indices64[0], xys):
    x = int(x * 7) * 75
    y = int(y * 7) * 75
    img64.paste(valid_images[idx].resize((75, 75)), (x, y))
```

我们可以看到猫的图像大致位于网格的中央，网格的一角是各种动物的图像，而其余图像则是因为其他原因而被选中的匹配项。需要注意的是，我们是根据现有的图像去匹配的，所以网格实际上并不会被填满。

讨论

在 3.3 节中，我们使用了 t-SNE 将高维空间折叠成二维平面。在本节中，我们使用了主成分分析算法代替 t-SNE 算法。这两种算法都完成了同样的任务，即减少空间的维度，但是它们是以不同的方式完成的。

t-SNE 试图在降低维度的同时，仍保持空间中各点之间的距离相同。当然，在这个变换过程中会丢失一些信息，所以我们可以选择是否要保持簇的局部完整（即在高维空间中彼此邻近的点之间的距离保持相似）或者保持簇之间的距离不变（即在高维空间中彼此相距较远的点之间的距离保持相似）。

PCA 则试图找到一个 N 维超平面，使其尽可能地接近空间中所有的点。如果 N 等于 2，那么我们讨论的就是一个通常的二维平面，它试图在我们的高维空间中找出一个最接近所有点的平面。换言之，它会捕获最重要的两个维度（主成分），然后用它们来可视化图像空间。

第 11 章

检测多幅图像

在前面的章节中，我们探讨了如何使用预训练的分类器来检测图像并学习新的类别。在所有这些实验中，我们总是假设在图像中只能看到一个事物。但是，在现实世界中情况并非总是如此。举例来说，我们可能有一张图像，其中既有猫也有狗。

本章将探讨一些可以克服上述局限性的技术。我们从建立一个预训练的分类器着手，并修改设置使得我们可以获得多个答案。然后，我们将介绍一个针对此问题最先进的解决方案。

这是一个十分活跃的研究领域，在 Keras 上的 Python notebook 中重现其中最先进的算法较为棘手。因此，取而代之的是，我们将在本章的第二、三节中使用一个开源库来演示较为可行的方案。

本章的代码可从以下 Python notebook 中找到：

```
11.1 Detecting Multiple Images
```

11.1 使用预训练的分类器检测多个图像

问题

如何在单个图像中找到多类图像？

解决方案

使用中间层的输出作为特征图，并在中间层上运行一个滑动窗口。

在我们做好各种准备之后，使用预先训练的神经网络对图像进行分类并不十分困难。但是，如果图像中存在多个要检测的对象，那么我们还没有做好准备：预训练的网络会返回图像属于任何一种分类的可能性。如果它看到两个不同的对象，那么它也许会将可能性分值均分至两个不同的类。如果它看到一个对象，但不确定是两类中的哪一类，那么它也会对返回的分值进行分配。

解决该问题的思路之一是在图像上运行一个滑动窗口。我们将图像下采样至 448×448，而非 224×224，比原先大一倍。然后在网络中检测所有的剪裁窗口，以此来避免检测较大的图像：

让我们从大图中生成裁剪窗口：

```
cat_dog2 = preprocess_image('data/cat_dog.jpg', target_size=(448, 448))
crops = []
for x in range(7):
    for y in range(7):
        crops.append(cat_dog2[0,
                              x * 32: x * 32 + 224,
                              y * 32: y * 32 + 224,
                              :])
crops = np.asarray(crops)
```

在批数据上运行分类器，所以我们可以将 crops 对象以相同的方式输入到之前加载过的分类器中：

```
preds = base_model.predict(vgg16.preprocess_input(crops))
l = defaultdict(list)
for idx, pred in enumerate(vgg16.decode_predictions(preds, top=1)):
    _, label, weight = pred[0]
    l[label].append((idx, weight))
l.keys()

dict_keys(['Norwegian_elkhound', 'Egyptian_cat', 'standard_schnauzer',
           'kuvasz', 'flat-coated_retriever', 'tabby', 'tiger_cat',
           'Labrador_retriever'])
```

分类器似乎认为这些窗口里要么是猫要么是狗，但并不确定到底是什么。让我们来看看对给定标签得出最高值的剪切窗口：

```
def best_image_for_label(l, label):
    idx = max(l[label], key=lambda t:t[1])[0]
    return deprocess_image(crops[idx], 224, 224)

showarray(best_image_for_label(crop_scores, 'Egyptian_cat'))
```

```
showarray(best_image_for_label(crop_scores, 'Labrador_retriever'))
```

这种方法行之有效，但代价很高，并且做了大量的重复工作。请记住，CNN

的工作方式是在图像上进行卷积计算，对于所有窗口来说这些操作非常类似。此外，如果我们在没有顶层的情况下加载预训练网络，那么它其实可以在任何大小的图像上运行：

```
bottom_model = vgg16.VGG16(weights='imagenet', include_top=False)

(1, 14, 14, 512)
```

网络顶层期望一个 $7 \times 7 \times 512$ 的输入。我们可以根据已加载的网络重新创建顶层并复制权重：

```
def top_model(base_model):
    inputs = Input(shape=(7, 7, 512), name='input')
    flatten = Flatten(name='flatten')(inputs)
    fc1 = Dense(4096, activation='relu', name='fc1')(flatten)
    fc2 = Dense(4096, activation='relu', name='fc2')(fc1)
    predictions = Dense(1000, activation='softmax',
                        name='predictions')(fc2)
    model = Model(inputs,predictions, name='top_model')
    for layer in model.layers:
        if layer.name != 'input':
            print(layer.name)
            layer.set_weights(
                base_model.get_layer(layer.name).get_weights())
    return model

model = top_model(base_model)
```

现在，我们可以根据底部模型的输出进行裁剪，并将剪裁结果输入到顶部模型中，这意味着我们只需要在原始图像的像素上运行 4 次底层模型，而不是之前的 64 次。首先，让我们在底部模型中加载图像：

```
bottom_out = bottom_model.predict(cat_dog2)
```

接下来，我们为输出图像生成剪裁窗口：

```
vec_crops = []
for x in range(7):
    for y in range(7):
        vec_crops.append(bottom_out[0, x: x + 7, y: y + 7, :])
vec_crops = np.asarray(vec_crops)
```

并运行顶层分类器：

```
crop_pred = top_model.predict(vec_crops)
```

```
l = defaultdict(list)
for idx, pred in enumerate(vgg16.decode_predictions(crop_pred, top=1)):
    _, label, weight = pred[0]
    l[label].append((idx, weight))
l.keys()
```

使用上述方法，我们获得了相同的结果，但是速度要快得多！

讨论

在本节中，我们利用了这样一个事实，即神经网络较低层拥有关于网络所看到图像的空间信息，虽然这个信息在预测阶段会被丢弃。该技巧基于 Faster RCNN 算法内的一些操作（请参见下节），它并不需要代价较大的训练步骤。

我们的预训练分类器只能针对固定大小的图像（本例中为 224 × 224 像素）进行分类这一事实，在一定程度上限制了本技巧——模型输出的图像区域总是大小相同，并且我们还必须确定需要将原始图像剪裁成多少窗口。尽管如此，该算法确实在寻找有趣的子图像方面效果很好，并且易于部署。

Faster RNN 算法本身并没有类似的缺点，但是它需要花费更多的代价来进行训练。

我们将在下一个技巧中探索这个问题。

11.2 使用 Faster RCNN 进行目标检测

问题

如何在具有紧凑型边框的图像中找到多个对象？

解决方案

使用一个（预训练的）Faster RCNN 网络。

Faster RCNN 是一种能够在图像中寻找对象边框的神经网络解决方案。不巧的是，该算法比较复杂，无法在 Python notebook 中轻松再现。因此，取而代之的是，我们将依赖一个开源的实现，并将该代码或多或少地视为一个黑盒。首先，让我们从 Github 中克隆代码：

```
git clone https://github.com/yhenon/keras-frcnn.git
```

安装完成 *requirements.txt* 中的依赖后，我们就可以着手训练网络了。我们可以使用自己的数据训练网络，也可以使用 Visual Object Challenge（*http://host.robots.ox.ac.uk/pascal/VOC/*）的标准数据集训练网络。后者包含许多有边框的图像以及 20 种图像分类。

下载 VOC 2007/2012 数据集并完成解压后，我们就可以开始训练网络了：

```
python train_frcnn.py -p <downloaded-data-set>
```

这将耗费很长的时间——在性能尚可的 GPU 上需要花一天时间，在 CPU 上则需要花费更长的时间。如果你想要跳过这一步，可以在 *https://storage.googleapis.com/deep-learning-cookbook/model_frcnn.hdf5* 上找到一个预训练网络。

训练脚本每次发现模型性能改进时都会将权重存储下来。

将用于测试的模型实例化相对复杂一些：

```
img_input = Input(shape=input_shape_img)
roi_input = Input(shape=(c.num_rois, 4))
feature_map_input = Input(shape=input_shape_features)

shared_layers = nn.nn_base(img_input, trainable=True)

num_anchors = len(c.anchor_box_scales) * len(c.anchor_box_ratios)
rpn_layers = nn.rpn(shared_layers, num_anchors)

classifier = nn.classifier(feature_map_input,
                           roi_input,
                           c.num_rois,
                           nb_classes=len(c.class_mapping),
                           trainable=True)

model_rpn = Model(img_input, rpn_layers)
model_classifier_only = Model([feature_map_input, roi_input], classifier)

model_classifier = Model([feature_map_input, roi_input], classifier)
```

现在，我们有了两个模型，一个能够推荐令人感兴趣的区域，另一个则能够告诉我们该区域里的对象是什么。让我们加载模型的权重并进行编译：

```
model_rpn.load_weights('data/model_frcnn.hdf5', by_name=True)
model_classifier.load_weights('data/model_frcnn.hdf5', by_name=True)

model_rpn.compile(optimizer='sgd', loss='mse')
model_classifier.compile(optimizer='sgd', loss='mse')
```

接下来，让我们把图像输入区域推荐模型。我们将调整输出形式，以使其能够更方便地执行接下来的步骤。调整之后，r2 会变成一个三维结构，其中最后一个维度是预测结果：

```
img_vec, ratio = format_img(cv2.imread('data/cat_dog.jpg'), c)
y1, y2, f = model_rpn.predict(img_vec)
r = keras_frcnn.roi_helpers.rpn_to_roi(y1, y2, c, K.image_dim_ordering(),
                                       overlap_thresh=0.7)
roi_count = R.shape[0] // c.num_rois
r2 = np.zeros((roi_count * c.num_rois, r.shape[1]))
r2 = r[:r2.shape[0],:r2.shape[1]]
r2 = np.reshape(r2, (roi_count, c.num_rois, r.shape[1]))
```

图像分类器运行在一维的批数据上，因此我们必须逐个输入 r2 的两个维度。p_cls 中将包含检测的类，而 p_regr 中则包含边框的微调信息：

```
p_cls = []
p_regr = []
for i in range(r2.shape[0]):
    pred = model_classifier_only.predict([F, r2[i: i + 1]])
    p_cls.append(pred[0][0])
    p_regr.append(pred[1][0])
```

通过一个二维循环，将三个数组放在一起以获得实际的边框、标签信息和确定性：

```
boxes = []
w, h, _ = r2.shape
for x in range(w):
    for y in range(h):
        cls_idx = np.argmax(p_cls[x][y])
        if cls_idx == len(idx_to_class) - 1:
            continue
        reg = p_regr[x, y, 4 * cls_idx:4 * (cls_idx + 1)]
        params = list(r2[x][y])
        params += list(reg / c.classifier_regr_std)
        box = keras_frcnn.roi_helpers.apply_regr(*params)
        box = list(map(lambda i: i * c.rpn_stride, box))
        boxes.append((idx_to_class[cls_idx], p_cls[x][y][cls_idx], box))
```

列表 boxes 中包含了检测到猫与狗的区域。其中有许多重叠的矩形区域中既检测到了猫，也检测到了狗。

讨论

Faster RCNN 是 Fast RCNN 的演进算法，它同样也基于原始的 RCNN 算法做了改进。这些算法的工作原理都很相似——区域推荐模型提出可能包含感兴趣图像的矩形区域，然后图像分类器检测在该区域可以看到什么（如果区域里有对象的话）。这种方法与我们在上一节中所做的并没有太大区别，在上一节中，我们的区域建议模型生成了 64 个子剪裁窗口。

Faster RCNN 算法的提出者是 Jian Sun，他非常敏锐地观察到，在上一技巧中生成特征图的 CNN 也可以作为区域建议模型的良好基础。因此，Faster RCNN 在用于训练图像分类器的同一个特征图上并行训练区域建议模型，而不是单独处理区域建议问题。

你可以在 Athelas 上的博文"用于图像分割的卷积神经网络——从 R-CNN 到 Mask-CNN（A Brief History of CNNs in Image Segmentation: From R-CNN to Mask-CNN)"中读到更多有关 RCNN 到 Faster RCNN 演变过程的知识，以及算法的工作原理。

11.3 在自己的图像上运行 Faster RCNN

问题

你希望训练一个 Faster RCNN 模型，但并不想从零开始训练该模型。

解决方案

从一个预训练的模型开始着手进行训练。

从零开始训练一个模型需要大量的标记数据。VOC 数据集包含了超过 20 000 张的标记图像，这些图像被分为了 20 类。如果我们没有那么多标签数据，该怎么办？我们可以使用在第九章中介绍过的迁移学习技术。

如果我们直接开始训练的话，会遇到一个问题，那就是训练脚本已经加载了权重。我们需要把在 VOC 数据集上训练的网络权重转换为我们自己的权重。在上一节中，我们构建了一个由两部分组成的网络，并加载了权重。只要我们的新任务与 VOC 分类任务类似，那么我们所要做的就仅仅是改变类的数量，重新加载权重并开始训练。

实现上述方案最简单的方法是让训练脚本运行足够长的时间，使其能够编写配置文件，然后使用该配置文件和之前加载的模型来获取这些权重。训练我们自己的数据最好使用 GitHub 上描述的逗号分隔格式：

```
filepath,x1,y1,x2,y2,class_name
```

在这里，`filepath` 是图像的完整路径，而 `x1`、`y1`、`x2` 和 `y2` 则表示图像中边框的像素。我们现在可以用以下方法训练模型：

```
python train_frcnn.py -o simple -p my_data.txt \
        --config_filename=newconfig.pickle
```

现在，在像以前一样加载完成预训练模型之后，我们可以采用以下方式加载新的配置文件：

```
new_config = pickle.load(open('data/config.pickle', 'rb'))
Now construct the model for training and load the weights:

img_input = Input(shape=input_shape_img)
roi_input = Input(shape=(None, 4))
shared_layers = nn.nn_base(img_input, trainable=True)

num_anchors = len(c.anchor_box_scales) * len(c.anchor_box_ratios)
rpn = nn.rpn(shared_layers, num_anchors)

classifier = nn.classifier(shared_layers, roi_input, c.num_rois,
                           len(c.class_mapping), trainable=True)

model_rpn = Model(img_input, rpn[:2])
model_classifier = Model([img_input, roi_input], classifier)
model_all = Model([img_input, roi_input], rpn[:2] + classifier)

model_rpn.load_weights('data/model_frcnn.hdf5', by_name=True)
model_classifier.load_weights('data/model_frcnn.hdf5', by_name=True)
```

可以看出，训练模型只依赖于分类器对象的种类数。因此，我们需要重建分类器对象以及依赖它的所有对象，然后保存权重。这样我们就根据旧的权重构造了新的模型。如果我们仔细查看构建分类器的代码，就会看出，它完全取决于第三层到最后一层。因此，让我们直接复制相关代码，但是要注意使用 `new_config` 来配置它：

```
new_nb_classes = len(new_config.class_mapping)
out = model_classifier_only.layers[-3].output
new_out_class = TimeDistributed(Dense(new_nb_classes,
                    activation='softmax', kernel_initializer='zero'),
                    name='dense_class_{}'.format(new_nb_classes))(out)
new_out_regr = TimeDistributed(Dense(4 * (new_nb_classes-1),
                    activation='linear', kernel_initializer='zero'),
                    name='dense_regress_{}'.format(new_nb_classes))(out)
new_classifer = [new_out_class, new_out_regr]
```

有了新分类器之后，我们就可以像之前一样构建模型并保存权重。这些权重包含了模型所学的内容，但并不适用于其他新的训练任务中的分类器：

```
new_model_classifier = Model([img_input, roi_input], classifier)
new_model_rpn = Model(img_input, rpn[:2])
new_model_all = Model([img_input, roi_input], rpn[:2] + classifier)
new_model_all.save_weights('data/model_frcnn_new.hdf5')
```

现在，我们可以使用以下代码继续训练模型：

```
python train_frcnn.py -o simple -p my_data.txt \
        --config_filename=newconfig.pickle \
        --input_weight_path=data/model_frcnn_new.hdf5
```

讨论

迁移学习的大多数示例都是基于图像识别网络的。这在一定程度上是因为有简单易用的预训练网络可用，另外获得已标记图像的训练数据集也比较方便。在本技巧中，我们认识到迁移学习也适用于其他的情形。我们所需要的就是一个预训练网络，以及如何构建网络的洞见。通过加载网络权重，针对新数据集优化网络并再次保存权重，我们可以显著地提高学习速度。

即使在没有可用的预训练网络的情况下，如果我们有大量可用的公共训练数据，而我们自己的数据集本身很小，那么首先在公共数据集上进行训练，然后再将学习迁移到我们自己的数据集上也是一个比较好的方法。本章讨论的边框案例，就是这种情况。

如果你自己的数据集很小，可以像 9.7 节一样，尝试将网络的一部分设置为不可训练的。

第 12 章

图像风格

在本章中，我们将探讨一些用于可视化卷积网络分类图像时所见内容的技术。这将通过反向运行网络来实现这一点——不是给网络一个图像让网络告诉我们图像里是什么，而是我们告诉网络想看到什么，然后让它调整图像以使得检测对象更加醒目。

从单个神经元开始探索。这将告诉我们神经元的反应模式。然后，我们将引入尺度（octave）的概念，其中我们会放大并优化图像以获得更多细节。最后，我们会讨论如何将这种技术应用于现有图像，并可视化网络在图像中"大致看到"的事物，这种技术称为深度梦想（deep dreaming）。

之后，我们换个方向，看看网络的"较低"层如何组合在一起确定图像的艺术风格，以及怎样才能够仅可视化图像的风格。我们会使用到格拉姆矩阵（gram matrix）的概念，以及矩阵对绘画风格的表征方法。

接下来，我们会看到如何将这一概念与图像稳定方法相结合，生成只复制图像风格（而不改变图像内容）的图像。然后，进一步将这种技术应用于现有图像，并采用文森特·梵高的名画《星空》的绘画风格渲染照片。最后，我们将使用两种样式的图像渲染同一张图像，并获得一个介于两种风格之间的渲染结果。

本章的代码可从以下 Python notebook 中找到：

```
12.1 Activation Optimization
12.2 Neural Style
```

12.1 可视化卷积神经网络激活值

问题

图像识别网络的内部到底是如何工作的？

解决方案

最大限度地激活神经元，然后查看对哪个像素的影响最强烈。

在前面的章节中，我们看到了当涉及图像识别时，卷积神经网络是最好的选择。网络最底层直接作用于图像像素，并且随着在网络中的逐层上升，我们推测识别到的特征的抽象等级也在逐渐上升。网络的最后几层能够实际识别出图像中的事物。

上述工作原理十分直观。这些网络本身就是这样设计的，更类似于人类视觉皮层的工作机理。观察一下单个神经元到底是如何工作的来检验实际情况是否确实如此。像之前一样，我们将从加载网络开始着手。在这里我们使用VGG16，因为它的架构更简单：

```
model = vgg16.VGG16(weights='imagenet', include_top=False)
layer_dict = dict([(layer.name, layer) for layer in model.layers[1:]])
```

现在，我们将反向运行网络。也就是说，定义一个损失函数，使某个特定神经元的激活值最小化，然后要求网络计算在哪种方向上改变图像可以优化该神经元的激活值。在本例中，随机挑选了 block3_conv 层和索引为 1 的神经元：

```
input_img = model.input
neuron_index  = 1
layer_output = layer_dict['block3_conv1'].output
loss = K.mean(layer_output[:, neuron_index, :, :])
```

为了能够反向运行网络，需要定义一个核函数（Keras function），称为 iterate。它将获取一张图像并返回其损失值和梯度值（即需要对网络做的改变）。还需要将梯度值归一化：

```
grads = K.gradients(loss, input_img)[0]
```

```
grads = normalize(grads)
iterate = K.function([input_img], [loss, grads])
```

下面将从随机噪声图像开始，将其反复输入到刚刚定义的 `iterate` 函数中，然后将返回的梯度值添加到图像中。这将一步一步地改变图像，使其向着指定神经元和指定层的激活值最大化的方向改变，在本例中，执行 20 步应该就可以满足需求：

```
for i in range(20):
    loss_value, grads_value = iterate([input_img_data])
    input_img_data += grads_value * step
```

在显示结果之前，需要进行图像归一化和数值剪裁，使其处于常见的 RGB 范围内：

```
def visstd(a, s=0.1):
    a = (a - a.mean()) / max(a.std(), 1e-4) * s + 0.5
    return np.uint8(np.clip(a, 0, 1) * 255)
```

完成以上步骤之后，就可以显示图像了。

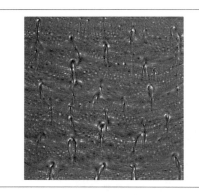

这个结果非常酷！它可以让我们一窥网络在这个特定层面上所做的事情。然而，整个网络拥有数百万个神经元，逐个检查神经元并不是了解网络中正在发生着什么的可行策略。

一种可以帮助我们了解大致情况的好方法是选择一些增加抽象维度的层：

```
layers = ['block%d_conv%d' % (i, (i + 1) // 2) for i in range(1, 6)]
```

对于这些层中的每一层，都找出 8 个有代表性的神经元并将它们添加到网格中：

```
grid = []
layers = [layer_dict['block%d_conv%d' % (i, (i + 1) // 2)]
          for i in range(1, 6)]
for layer in layers:
    row = []
    neurons = random.sample(range(max(x or 0
                                for x in layers[0].output_shape)
    for neuron in tqdm(neurons), sample_size), desc=layer.name):
        loss = K.mean(layer.output[:, neuron, :, :])
        grads = normalize(K.gradients(loss, input_img)[0])
        iterate = K.function([input_img], [loss, grads])
        img_data = np.random.uniform(size=(1, 3, 128, 128, 3)) + 128.
        for i in range(20):
            loss_value, grads_value = iterate([img_data])
            img_data += grads_value
        row.append((loss_value, img_data[0]))
    grid.append([cell[1] for cell in
                islice(sorted(row, key=lambda t: -t[0]), 10)])
```

转换网格并在 notebook 中显示它，这与 3.3 节中所做的类似：

```
img_grid = PIL.Image.new('RGB',
                        (8 * 100 + 4, len(layers) * 100 + 4), (180, 180, 180))
for y in range(len(layers)):
    for x in range(8):
        sub = PIL.Image.fromarray(
                visstd(grid[y][x])).crop((16, 16, 112, 112))
        img_grid.paste(sub,
                        (x * 100 + 4, (y * 100) + 4))
display(img_grid)
```

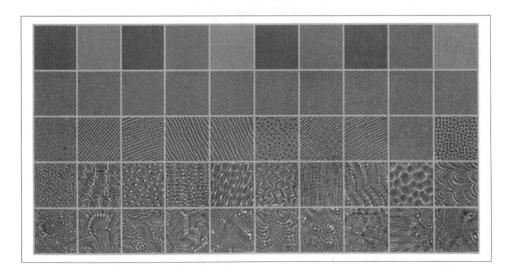

讨论

最大化网络中某个神经元的激活值是可视化该神经元在整个网络中功能的一个很好的方法。通过对不同层的神经元进行采样，我们甚至可以看出随着层的逐级上升，神经元检测到的特征的复杂性也逐步增加。

我们看到输出结果中的图案形状均较小。这是因为我们更新像素的方式使得较大的图案对象较难出现，因为一组像素必须一齐移动，并且这些像素都结合本地内容进行了优化。这意味着，对于更抽象的层来说，"获取想要的"会更加困难，因为抽象层识别的都是更大的图案。可以在生成的网格图像中看到这一点。在下一节中，我们将探索解决这类问题的技术。

你也许会好奇为什么我们只尝试激活低层和中层的神经元？为什么不试着激活最后的预测层呢？如果可以找到对"猫"的预测，并告诉网络激活它，那么最终应该可以获得一张猫的图像。

很遗憾的是，这招并不管用。事实上，被网络归类为"猫"的图像的范围大得惊人，但是其中只有极少一部分是包含猫的。所以，通常其结果图像对我们来说几乎就是噪声图像，但是对网络来说却是正确的。

在第 13 章中，我们将探索一些能够生成更逼真图像的技术。

12.2 尺度和缩放

问题

如何可视化激活一个神经元的较大型图案结构？

解决方案

在放大图像的同时优化图像，以使得神经元的激活值达到最大。

在上一节中我们看到，能够生成最大限度激活特定神经元的图像，但输出图像的图案样式均是局部样式。解决该问题的一个有趣的方案是从小图像开始着手，执行一系列操作——使用上一节中的算法优化图像，然后放大图像。

这样做使得激活步骤可以先了解图像的整体结构，再填充细节。让我们先在一个 64×64 的图像上实现上述解决方案：

```
img_data = np.random.uniform(size=(1, 3, size, size)) + 128.
```

现在执行 20 次放大 / 优化：

```
for octave in range(20):
    if octave>0:
        size = int(size * 1.1)
        img_data = resize_img(img_data, (size, size))
    for i in range(10):
        loss_value, grads_value = iterate([img_data])
        img_data += grads_value
    clear_output()
    showarray(visstd(img_data[0]))
```

使用 block5_conv1 层和神经元 4 可以给我们一个很好的类似有机体的图像结果：

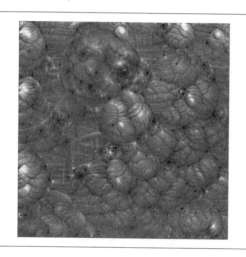

讨论

尺度和缩放是让网络生成其大致所见影像的一个好方法。

这个领域里尚有很多值得探索的地方。上述解决方案的代码中，我们只优化了一个神经元的激活值，对于更复杂的图像，可以同时优化多个神经元。给各神经元可以分配不同的权重，甚至给其中一些分配负权重，从而迫使网络避免激活某些神经元。

当前算法有时候会产生太多的高频点，特别是在第一个尺度当中。可以通过对第一个尺度应用高斯模糊来产生一个不那么锐利的图像，以缓解这个问题。

为什么要在图像达到目标尺寸时停止调整大小呢？事实上，可以继续调整大小，然后裁剪图像以使其保持与原始图像相同的大小。这将创建一个视频序列，在其中我们持续放大图像，与此同时，新的图像模式也不断地出现。

制作视频之后，我们也可以更换掉已激活的神经元，并以这种方式探索网络。*movie_dream.py* 脚本结合了部分上述想法，生成了令人着迷的视频映像。

12.3 可视化神经网络所见

问题

你能增强网络所检测到的影像，以便更好地了解神经网络所看见的内容吗？

解决方案

扩展上一节中的代码来对现有图像执行相关操作。

为了使现有算法能够正常工作，我们需要解决两件问题。首先，放大现有图像会使其变模糊。其次，我们希望与原始图像保持相似性，否则还不如采用随机图像。解决了这两个问题，就可以重现 Google 著名的深度梦想（DeepDream）实验，在该实验中怪诞的图案出现在了天空和大山的风景图像中。

我们可以通过追踪图像放大过程中丢失的图像细节，并将这些细节重新注入生成的图像中来解决上述两个问题。这样就消除了缩放带来的人工痕迹，并在每次倍频时将图像"引导"回原始图像。在下面的代码中，我们获取所有需要的形状，然后逐步放大图像，并结合损失函数优化图像，最后通过比对缩放后丢失的内容来添加细节：

```
successive_shapes = [tuple(int(dim / (octave_scale ** i))
                     for dim in original_shape)
                     for i in range(num_octave - 1, -1, -1)]

original_img = np.copy(img)
```

```
    shrunk_original_img = resize_img(img, successive_shapes[0])

    for shape in successive_shapes:
        print('Processing image shape', shape)
        img = resize_img(img, shape)
        for i in range(20):
            loss_value, grads_value = iterate([img])
            img += grads_value
        upscaled_shrunk_original_img = resize_img(shrunk_original_img, shape)
        same_size_original = resize_img(original_img, shape)
        lost_detail = same_size_original - upscaled_shrunk_original_img

        img += lost_detail
        shrunk_original_img = resize_img(original_img, shape)
```

上述解决方案给出了很漂亮的图像结果：

原始的 Google 深度梦想算法与上述方法略有不同。我们刚才所做的是告诉网络优化图像，以便最大限度地激活特定神经元。而 Google 所做的是让网络强化它所看到的影像。

事实上，通过调整前面定义的损失函数，可以优化图像以增加当前的激活值。在这里，我们不再只考虑某个特定的神经元，而是考虑网络的整个层。为此需要调整损失函数，使其将已经较高的激活值最大化。可以通过取激活值的平方和来实现上述操作。

从指定的希望优化的 3 个层及其各自权重开始：

```
settings = {
        'block3_pool': 0.1,
        'block4_pool': 1.2,
        'block5_pool': 1.5,
}
```

为了避免边框带来的人工痕迹,我们将损失定义为仅涉及非边框像素的损失值的总和:

```
loss = K.variable(0.)
for layer_name, coeff in settings.items():
    x = layer_dict[layer_name].output
    scaling = K.prod(K.cast(K.shape(x), 'float32'))
    if K.image_data_format() == 'channels_first':
        loss += coeff * K.sum(K.square(x[:, :, 2: -2, 2: -2])) / scaling
    else:
        loss += coeff * K.sum(K.square(x[:, 2: -2, 2: -2, :])) / scaling
```

在这里,`iterate` 函数和生成图像函数保持不变。我们所做的唯一改变是,在将梯度添加到图像的过程中通过将 **grad_value** 乘以 0.1 来减缓梯度变化的速度:

```
for i in range(20):
    loss_value, grads_value = iterate([img])
    img += grads_value * 0.10
```

运行上述代码,我们可以看到一些眼睛和动物面孔样式的图案出现在了陆地风景中:

你可以尝试改变层、层权重、速度因子来获取不同的图像。

讨论

深度梦想似乎是一个生成迷幻类影像的有趣方法，Google 允许你尽情探索和实验该算法。它同时也是理解神经网络在图像中所见所得的一个好方法。归根到底，它是网络的训练图像的一个"映像"——一个被训练用来识别猫和狗的网络会在云状图像中"看到"猫和狗。

可以利用第 9 章的方法来探索这方面的内容。如果有大量的图像可以用于对现有网络进行再次训练，但是只将网络中的一层设为可训练的，那么网络就必定会将其所有"偏见"放入该层。当以该层作为优化层运行深度梦想的步骤时，这些"偏见"就会被很好地展现出来。

人们总是希望在神经网络的功能原理和人类大脑的工作方式之间找到相似之处。由于我们并不了解后者，这些相似性当然是推测出来的。尽管如此，在本例中，激活特定神经元的效果似乎与大脑实验很接近，研究人员通过在大脑中插入电极来人工激活一小部分大脑，受试者就会体验或感受到特定的图像、气味或记忆。

同样，人类有能力识别人脸和动物，即使它们像云一样模糊。一些改变心智的精神类药物能够增强人脑的这种能力，也许是因为这些药物增强了大脑中神经层的激活程度？

12.4 捕捉图像风格

问题

如何捕捉一副图像的风格？

解决方案

计算图像卷积层的格拉姆矩阵 (gram matrix)。

在上一节中我们看到，如何通过优化图像使特定神经元的激活值最大化，从而可视化展现网络所学到的内容。将格拉姆矩阵应用于网络各层能够捕获该层的样式，所以如果从填充了随机噪声的图像开始，对其进行优化使得网络各层的格拉姆矩阵与目标图像的格拉姆矩阵相匹配，那么应该可以预测到，我们的图像将会开始模仿目标图像的风格。

 格拉姆矩阵是激活值的扁平版本，是激活值和自身转置的乘积。

然后，我们可以定义两组激活值之间的损失函数，该函数从每组激活值中减去格拉姆矩阵，计算其结果的平方，然后求和：

```
def gram_matrix(x):
    if K.image_data_format() != 'channels_first':
        x = K.permute_dimensions(x, (2, 0, 1))
    features = K.batch_flatten(x)
    return K.dot(features, K.transpose(features))

def style_loss(layer_1, layer_2):
    gr1 = gram_matrix(layer_1)
    gr2 = gram_matrix(layer_1)
    return K.sum(K.square(gr1 - gr2))
```

和之前一样，我们需要一个经过预训练的网络来完成这项工作。我们将在两个图像上运行该网络，一幅是希望生成的图像，另一幅是想要捕捉风格的图像——在本例中采用的是克劳德·莫奈画于 1912 年的名画《睡莲》。我们将创建一个包含这两者的输入张量，并加载一个不含最后几层的网络，该网络以张量作为输入。我们将使用 VGG16 来实现上述内容，因为它十分简单，不过当然任何预训练网络都可以完成上述任务：

```
style_image = K.variable(preprocess_image(style_image_path,
                                        target_size=(1024, 768)))
result_image = K.placeholder(style_image.shape)
input_tensor = K.concatenate([result_image,
                              style_image], axis=0)
model = vgg16.VGG16(input_tensor=input_tensor,
                    weights='imagenet', include_top=False)
```

完成模型加载之后，就可以定义损失变量了。我们将遍历模型的所有层，并针对名称中包含 _conv 的层（即卷积层），收集 style_image 和 result_image

之间的 style_loss：

```
loss = K.variable(0.)
for layer in model.layers:
    if '_conv' in layer.name:
        output = layer.output
        loss += style_loss(output[0, :, :, :], output[1, :, :, :])
```

现在，我们获得了损失值，可以开始优化模型了。我们将使用 scipy 的
fmin_l_bfgs_b 优化器。该方法需要一个梯度值和一个损失值来执行操作。
你可以通过一个调用来获取它们，然后缓存这些数值。我们使用一个简单
易用的帮助类 Evaluator 来实现上述内容，它需要一个损失值和一幅
图像：

```
class Evaluator(object):
    def __init__(self, loss_total, result_image):
        grads = K.gradients(loss_total, result_image)
        outputs = [loss_total] + grads
        self.iterate = K.function([result_image], outputs)
        self.shape = result_image.shape

        self.loss_value = None
        self.grads_values = None

    def loss(self, x):
        outs = self.iterate([x.reshape(self.shape)])
        self.loss_value = outs[0]
        self.grad_values = outs[-1].flatten().astype('float64')
        return self.loss_value

    def grads(self, x):
        return np.copy(self.grad_values)
```

现在，可以通过反复调用来优化图像：

```
image, min_val, _ = fmin_l_bfgs_b(evaluator.loss, image.flatten(),
                                  fprime=evaluator.grads, maxfun=20)
```

在差不多 50 轮调用之后，结果图像逐渐变得合理了。

讨论

在本节中，我们可以看到格拉姆矩阵有效地捕获了图像风格。也许有些人会
认为，匹配图像风格的最佳方式是直接匹配所有层的激活值，但是这种实现

方法未免太过简单肤浅了。

使用格拉姆矩阵的效果其实更好，这点可能不太容易理解。其背后的原理是，通过计算给定层的每个激活值与其他激活值的乘积，我们获得了神经元之间的相关性。这些相关性可以理解成图像风格的编码，因为它们衡量了激活值的分布情况，而不是简单的激活值本身。

理解了这点之后，我们可以探索几个问题。一个需要考虑的问题是零值。在任一被乘数为零的情况下，一个向量和自身转置的点积将会是零。模型无法在零值处识别相关性。由于零值出现得较为频繁，这并不是我们希望看到。一种简单的解决方案是在执行点积之前为特征值添加一个小的差量 delta，delta 取 −1 就可以满足需求：

```
return K.dot(features - 1, K.transpose(features - 1))
```

还可以尝试在表达式中添加一个常数因子。这样做可以平滑或者增强图像结果。同样，在这里，−1 也能满足需求。

最后一个需要考虑的问题是，我们计算了所有激活值的格拉姆矩阵。这也许看起来很奇怪——我们不应该只针对像素通道进行计算吗？事实是，我们为每个像素的通道都计算了格拉姆矩阵，然后观察它们在整个图像上的相关性。这样做提供了一个捷径：可以计算通道均值并将其用作格拉姆矩阵。这会帮助我们获得一副拥有平均风格的图像，因此其更具普遍性。另外，该方法的运行速度也更快：

```
def gram_matrix_mean(x):
    x = K.mean(x, axis=1)
    x = K.mean(x, axis=1)
features = K.batch_flatten(x)
    return K.dot(features - 1,
               K.transpose(features - 1)) / x.shape[0].value
```

在本节中，我们添加了总变分损失（total variation loss），要求网络时刻检查相邻像素之间的差异。如果没有这一点，图像结果会更加像素化且更加不平缓。在某种程度上，这种方法与我们用于持续检查层权重和层输出的正则化过程非常类似。其整体效果相当于在输出像素上加了一个略微模糊的滤镜。

12.5 改进损失函数以提升图像相干性

问题

对于已经捕获到风格的图像结果，如何减轻其像素化问题？

解决方案

添加一个损失成分来控制图像的局部相干性。

上一节的图像结果看起来已经很不错了。但是如果仔细观察，会发现它似乎有点像素化。可以通过添加一个确保图像局部相干的损失函数来解决这个问题。我们将每个像素与其左边相邻及下方相邻的像素进行比较。通过尽可能减小像素间的差异，引入一种图像模糊化的处理方法。

```
def total_variation_loss(x, exp=1.25):
    _, d1, d2, d3 = x.shape
    a = K.square(x[:, :d1 - 1, :d2 - 1, :] - x[:, 1:, :d2 - 1, :])
    b = K.square(x[:, :d1 - 1, :d2 - 1, :] - x[:, :d1 - 1, 1:, :])
    return K.sum(K.pow(a + b, exp))
```

指数 1.25 表示我们对异常值的惩罚程度，将其添加到损失函数中：

```
loss_variation = total_variation_loss(result_image, h, w) / 5000
loss_with_variation = loss_variation + loss_style
evaluator_with_variation = Evaluator(loss_with_variation, result_image)
```

运行该评估器 100 次，可以得到一个非常有说服力的图像：

讨论

在本节中，我们将最后一个组成成分添加到了损失函数中，使得图像整体看起来更像内容图像（即提供主体内容的图像，而非提供风格的图像）。我们在这里所做的，是有效优化生成图像，使得上层中的激活值对应于内容图像，而下层中的激活值对应于风格图像。因为网络底层与图像风格对应，而网络高层与图像内容对应，所以可以通过这种方式完成图像风格转换。

以上结果相当令人震惊，以至于不了解神经网络技术的人也许会认为现在的计算机已经可以进行艺术创作了。不过尽管模型效果不错，调整优化模型仍然是十分必要的，因为有些图像的风格非常奇特，正如我们在下一节中将看到的。

12.6 将风格迁移至不同图像

问题

如何将捕获到的风格从一个图像应用到另一个图像中？

解决方案

使用一个损失函数来平衡一个图像的内容和另一个图像的风格。

在现有图像而非噪声图像上运行上一节中的代码十分容易，但其结果并不理想。起初，它看起来似乎将图像风格应用到了现有图像上，但是程序每执行一步，原始图像似乎就会分解一点。如果我们坚持使用该算法，最后的结果会或多或少出现上述问题，即可能生成一副与原始图像独立的新图像。

我们可以通过在损失函数中增加第三个组成成分来解决这个问题，该成分将会考虑生成图像和参考图像之间的差异：

```
def content_loss(base, combination):
    return K.sum(K.square(combination - base))
```

现在，需要将参考图像添加到输入张量中：

```
w, h = load_img(base_image_path).size
```

```
base_image = K.variable(preprocess_image(base_image_path))
style_image = K.variable(preprocess_image(style2_image_path, target_size=(h, w)))
combination_image = K.placeholder(style_image.shape)
input_tensor = K.concatenate([base_image,
                              style_image,
                              combination_image], axis=0)
```

像之前一样加载网络，并在网络的最后一层定义内容损失（content loss）。最后一层包含与网络所看到的映像最近似的内容，因此这也是我们真正希望保持一致的内容：

```
loss_content = content_loss(feature_outputs[-1][0, :, :, :],
                            feature_outputs[-1][2, :, :, :])
```

通过把各层在网络中的位置纳入考量来微调风格损失（style loss）。我们希望较低层承载更多权重，因为较低层能够捕获更多的图像纹理/风格，也希望较高层更多地参与到图像内容的捕获之中。这样使得算法更容易平衡图像内容（使用最后一层）和图像风格（主要使用较低层）：

```
loss_style = K.variable(0.)
for idx, layer_features in enumerate(feature_outputs):
    loss_style += style_loss(layer_features[1, :, :, :],
                             layer_features[2, :, :, :]) * (0.5 ** idx)
```

最后，平衡损失函数的三个组成成分：

```
loss_content /= 40
loss_variation /= 10000
loss_total = loss_content + loss_variation + loss_style
```

在一副关于阿姆斯特丹老教堂的照片上运行上述算法，并以梵高的《星空》作为风格输入，可以得出如下结果：

12.7 风格内插

问题

你已经捕获了两幅图像的风格，希望在另一幅图像上应用一种介于两者之间的风格。如何将图像风格组合起来呢？

解决方案

使用一个包含额外的浮点数值的损失函数，其中浮点数值用于表示每种风格应用的百分比。

我们可以轻松扩展输入张量，使其包含两种风格的图像，比如一张是关于夏天的图像，另一张是关于冬天的图像。像之前一样加载模型，并为每种风格创建一个损失值：

```
loss_style_summer = K.variable(0.)
loss_style_winter = K.variable(0.)
for idx, layer_features in enumerate(feature_outputs):
    loss_style_summer += style_loss(layer_features[1, :, :, :],
                                    layer_features[-1, :, :, :]) * (0.5 ** idx)
    loss_style_winter += style_loss(layer_features[2, :, :, :],
                                    layer_features[-1, :, :, :]) * (0.5 ** idx)
```

然后，引入一个占位符 summerness，将它输入模型以获得 summerness 损失值：

```
summerness = K.placeholder()
loss_total = (loss_content + loss_variation +
              loss_style_summer * summerness +
              loss_style_winter * (1 - summerness))
```

Evaluator 类无法处理 summerness。我们可以创建一个新的类或现有类的子类，但是在本例中，通过"猴子补丁"来省去上述步骤：

```
combined_evaluator = Evaluator(loss_total, combination_image,
                               loss_content=loss_content,
                               loss_variation=loss_variation,
                               loss_style=loss_style)
iterate = K.function([combination_image, summerness],
                     combined_evaluator.iterate.outputs)
```

```
combined_evaluator.iterate = lambda inputs: iterate(inputs + [0.5])
```

上述代码将会产生一个包含 50% 夏天风格的图像，当然我们也可以指定任意的风格百分比。

讨论

在损失变量中再增加一个组成成分，使得我们可以指定两种不同风格的权重。当然，也可以进一步增加更多的风格图像并调整它们的权重。在本节中，还有一个问题值得继续去探索，即如何改变风格图像的相对权重——梵高的《星空》风格非常鲜明，因此很容易压制其他的比较精细的绘画风格。

第 13 章

用自编码器生成图像

在第 5 章中，我们探讨了如何使用已有语料库的风格生成文本，无论语料库是莎士比亚的作品，还是 Python 标准库中的代码。在第 12 章中，我们讨论了如何通过优化预训练网络中的通道激活值来生成图像。在本章中，我们会把这些技术结合起来，并以它们为基础生成基于实例的图像。

基于实例生成图像是一个热门的研究领域，在该领域中每月都会涌现出新想法和新突破。目前最先进的算法在模型复杂度、训练时间和所需的数据量方面，均已超出了本书的范围。因此取而代之的是，我们将研究一个略有局限性的领域：手绘草图。

我们将从了解 Google 的 Quick Draw 数据集开始。它是在线绘图游戏形成的数据集，其中包含了许多手绘图像。这些图像以矢量格式存储，因此我们需要把它们转换成位图。我们将会从一个标签中挑选草图：猫。

基于这些手绘的猫咪草图，我们将建立一个能够学习"猫属性"的自编码器模型——它可以将一张猫绘图转换为一个内部表示，然后根据该内部表示生成一个类似绘图。之后，我们看一下如何在猫绘图上可视化该网络的性能。

接下来，我们将切换到一个手绘数字的数据集，研究变分自编码器（variational autoencoder）。这些网络可以产生密集的空间，这些空间是对输入的抽象表示，我们可以在其中进行采样。每个样本都会产生逼真的图像。我们甚至可以在点之间内插，并观察图像是如何逐渐改变的。

最后，我们将研究条件变分自编码器（conditional variational autoencoder），它在训练时会考虑图像标签，因此能够以随机样式再现特定类的图像。

本章的代码可从以下 Python notebook 中找到：

```
13.1 Quick Draw Cat Autoencoder
13.2 Variational Autoencoder
```

13.1 从 Google Quick Draw 中导入绘图

问题

我们从哪里能够获得一系列的日常手绘图像？

解决方案

使用 Google Quick Draw 数据集。

Google Quick Draw（*https://quickdraw.withgoogle.com/*）是一个在线游戏，它让用户画一些事物，然后看看人工智能是否能够猜出他们画的是什么。这个游戏很有趣，并且连带产生了大量有标签的绘画数据集。Google 已经对所有想探索机器学习的人开放了该数据集。

Quick Draw 中的数据以多种格式提供。在这里，我们使用简化矢量图的二进制编码格式。让我们从获取所有的猫咪图像开始：

```
BASE_PATH = 'https://storage.googleapis.com/quickdraw_dataset/full/binary/
path = get_file('cat', BASE_PATH + 'cat.bin')
```

我们将通过逐一解码重绘的方式收集图像。图像以二进制向量的格式存储，我们将在空位图上重绘它们。所有的绘图数据均以一个 15 个字节的头部开始，所以我们将持续处理数据直到文件内字节数少于 15 个为止：

```
x = []
with open(path, 'rb') as f:
    while True:
        img = PIL.Image.new('L', (32, 32), 'white')
        draw = ImageDraw.Draw(img)
```

```
header = f.read(15)
if len(header) != 15:
    break
```

一幅绘图由一系列笔画组成,而每个笔画则由一连串的 *x*、*y* 坐标构成。*x* 和
y 坐标是单独存储的,因此我们需要将它们压缩到一个列表中,以便提供给我
们创建的 `ImageDraw` 对象:

```
strokes, = unpack('H', f.read(2))
for i in range(strokes):
    n_points, = unpack('H', f.read(2))
    fmt = str(n_points) + 'B'
    read_scaled = lambda: (p // 8 for
                            p in unpack(fmt, f.read(n_points)))
    points = [*zip(read_scaled(), read_scaled())]
    draw.line(points, fill=0, width=2)
img = img_to_array(img)
x.append(img)
```

现在,你已经拥有了超过数十万张的手绘猫咪图像。

讨论

使用游戏来收集用户生成的数据是构建机器学习数据集的一个有趣方法。这
并不是 Google 第一次使用这种技术——几年前,它还做过 Google 图像标签
游戏(Google Image Labeler game,*http://bit.ly/wiki-gil*),在其中两个彼此不
认识的玩家会给图像贴标签,如果两者的标签匹配,那么玩家就会获得分数。
不过,这个游戏的成果并未向大众公开。

Quick Draw 数据集中共有 345 个类。在本章中,我们只使用了猫这一类,当
然你也可以尝试使用其他类构建图像分类器。Quick Draw 数据集也有不足,
其中最主要的问题是并非所有的绘画都被画完了——当人工智能识别出绘
画时,游戏就结束了,所以对于一只骆驼来说,只要玩家画出两个驼峰就足
够了。

 在本技巧中,我们自己对图像进行了栅格化处理。Google 也提供
了一个可用数据的 numpy 数组版本,其中的图像已经完成了栅格
化预处理,像素为 28×28。

13.2 为图像创建自编码器

问题

是否有可能在没有标签的情况下，自动将图像表示为固定大小的向量？

解决方案

使用自编码器（autoencoder）。

在第 9 章中，我们使用卷积网络完成了图像分类——网络逐层地处理像素、局部特征、结构特征以及最后的图像抽象表示，然后我们可以使用图像抽象表示来预测图像内容。在第 10 章中，我们将图像的抽象表示视为高维语义空间中的向量，并运用相似的向量表征了相似的图像这一事实，作为构建反向图像搜索引擎的基础。最后，在第 12 章中，我们可视化展现了卷积网络神经元的不同激活水平意味着什么。

想要完成上述全部工作，我们需要打好标签的图像。因为只有网络能够看到大量的狗、猫和其他事物的图像，它才能够在高维空间中学习这些事物的抽象表示。但是，如果我们的图像没有标签或者没有足够的标签让网络形成一个关于什么图像表示什么事物的经验或直觉怎么办？在这些情况下，自编码器可以帮助我们解决该问题。

自编码器背后的思想是迫使网络将图像表示为具有一定大小的向量，并且根据网络使用该向量重现输入图像的准确程度形成一个损失函数。网络输入和预期输出相同，这就意味着我们不需要打好标签的图像。该方法对于任何一组图像都适用。

这种算法的网络结构与我们之前看到的网络结构非常类似——获取原始图像，使用一系列卷积层和池化层来减小尺寸并增加深度，直到获得一个一维向量，即该图像的抽象表示。但是我们并不会到此为止并像之前一样开始使用向量推测图像内容，取而代之的是接下来我们将反转这个过程，即通过一系列的上采样层，再使用图像的抽象表示反过来生成一幅图像。对于此技巧中的损失函数，我们取输入图像和输出图像之间的差异：

```
def create_autoencoder():
    input_img = Input(shape=(32, 32, 1))

    channels = 2
    x = input_img
    for i in range(4):
        channels *= 2
        left = Conv2D(channels, (3, 3),
                      activation='relu', padding='same')(x)
        right = Conv2D(channels, (2, 2),
                       activation='relu', padding='same')(x)
        conc = Concatenate()([left, right])
        x = MaxPooling2D((2, 2), padding='same')(conc)

    x = Dense(channels)(x)

    for i in range(4):
        x = Conv2D(channels, (3, 3), activation='relu', padding='same')(x)
        x = UpSampling2D((2, 2))(x)
        channels //= 2
    decoded = Conv2D(1, (3, 3), activation='sigmoid', padding='same')(x)

    autoencoder = Model(input_img, decoded)
    autoencoder.compile(optimizer='adadelta', loss='binary_crossentropy')
    return autoencoder

autoencoder = create_autoencoder()
autoencoder.summary()
```

我们可以把这种网络架构想象成沙漏。网络的最顶层和最底层代表图像。网络中的最小点位于中间，通常称为图像的隐式表示（latent representation）。这里我们拥有一个包含 128 个条目的隐空间，这意味着我们要求网络使用 128 位的浮点数值来表示每个 32×32 像素的图像。网络能够使输入图像和输出图像之间差异最小化的唯一途径是尽可能多地将信息压缩到隐式表示中。

我们像之前一样训练网络：

```
autoencoder.fit(x_train, x_train,
                epochs=100,
                batch_size=128,
                validation_data=(x_test, x_test))
```

上述算法应该能够快速收敛。

讨论

自编码器是一种十分有趣的神经网络类型，因为它们可以在没有任何监督的情况下学习输入图像的紧凑、有损表示。在本节中，我们是在图像中使用自编码器，但是事实上它们也适用于处理文本或其他时序数据。

关于自编码器概念有很多有趣的扩展。其中之一是降噪自编码器（denoising autoencoder）。降噪自编码器的工作思路也是让网络推测目标图像，但是不是使用原始图像进行推测，而是使用受损的原始图像。举例来说，我们可以给输入图像添加一些随机噪声。损失函数仍会将网络输出与原始输入（无噪声）进行比较，这样网络可以有效地学习如何从图像中去除噪声。在其他一些实验中，这种技术已被证明可以用来将黑白图像恢复成颜色图像。

在第 10 章中，我们使用了图像的抽象表示来构建反向图像搜索引擎，但是在该算法中，我们需要为图像打标签。使用自编码器的话，我们就不再需要图像标签了——模型只需要在一组图像上训练过，就可以学会测算图像和图像之间的差距。事实证明，如果我们采用降噪自编码器，图像相似性算法的性能会得到提升。其背后的原理是，噪声会告诉网络不应该注意什么，这类似于数据增强（data augmentation）的工作原理（参见本书 1.3.5 节）。

13.3 可视化自编码器结果

问题

你希望了解自编码器的工作效果。

解决方案

从输入中随机采样一些猫的图像让模型进行预测，然后并排展示输入和输出。

让我们一起预测一些猫的图像：

```
cols = 25
idx = np.random.randint(x_test.shape[0], size=cols)
sample = x_test[idx]
decoded_imgs = autoencoder.predict(sample)
```

然后，在我们的 notebook 中显示它们：

```
def decode_img(tile):
    tile = tile.reshape(tile.shape[:-1])
    tile = np.clip(tile * 400, 0, 255)
    return PIL.Image.fromarray(tile)

overview = PIL.Image.new('RGB', (cols * 32, 64 + 20), (128, 128, 128))
for idx in range(cols):
    overview.paste(decode_img(sample[idx]), (idx * 32, 5))
    overview.paste(decode_img(decoded_imgs[idx]), (idx * 32, 42))
f = BytesIO()
overview.save(f, 'png')
display(Image(data=f.getvalue()))
```

如上图所示，网络确实拾取了图像的基本形状，但是似乎又对结果不太确定，导致产生了比较模糊的绘图，看起来就像是输入图像的阴影。

在下一节中，我们将一起看看能否改进上述问题。

讨论

鉴于自编码器的输入和输出理论上应该是很相似的，所以检查网络性能的最佳方法就是从我们的验证数据集中选取一些随机的图标，要求网络重建它们。接下来，使用 PIL 生成一个并行展示的图像，并在 Jupyter notebook 内显示出来，这些操作我们在前面已经见到了。

这种方法有一个问题，就是我们使用的损失函数使网络的输出图像变得模糊。输入图像包含比较细的线条，但是模型输出却不包含细线。我们的模型没有动力去预测较细的线条，因为它不确定线条的确切位置，所以它宁愿分散下注，画一些比较模糊的线。这样一来，就有较高的概率至少会有一些像素会被覆盖。想要改善这种情况，我们可以尝试设计一个这样的损失函数，该损失函数迫使网络限制其绘制线条的像素数，或者对较细的线条进行奖励。

13.4 从正确的分布中采样图像

问题

如何确保向量中的每个点都表示一个合理的图像？

解决方案

使用变分自编码器。

自编码器是一种非常有趣的图像表示方式，它将一幅图像表示成为一个较小的向量。但是这些向量的空间并不密集，也就是说，每幅图像在该空间中都对应一个向量，但是并不是该空间中的每个向量都表示了一幅合理的图像。自编码器的解码器当然可以使用任一向量创建图像，但是这样创建的图像大多数都不具备可辨识性。变分自编码器也具有上述特性。

在本节和下一节中，我们将使用 MNIST 手写数字数据集，其中包含了 60 000 个训练样本和 10 000 个测试样本。本技巧中的实现方法也适用于图标，但是此方法会使模型复杂化，并且如果我们希望获得良好的性能，就需要更多的图标数据。如果你感兴趣的话，在 notebook 目录中有一个工作模型可供参考。接下来，让我们从加载数据开始：

```
def prepare(images, labels):
    images = images.astype('float32') / 255
    n, w, h = images.shape
    return images.reshape((n, w * h)), to_categorical(labels)

train, test = mnist.load_data()
x_train, y_train = prepare(*train)
x_test, y_test = prepare(*test)
img_width, img_height = train[0].shape[1:]
```

变分自编码器的关键思想是在损失函数中添加一个项，该项表示了图像及其抽象表示之间的统计分布差异。为此，我们将使用 KL 散度（Kullback-Leibler divergence）。我们可以将其视为概率分布空间的距离度量，虽然理论上它并不是距离度量。关于 KL 散度，维基百科（*http://bit.ly/k-l-d*）中有更详细的介绍，如果你想了解具体数学原理的话，可以去查阅相关资料。

该模型的基本理念与前几节中的类似。我们输入像素的抽象表示，使其通过一些隐藏层，再将其下采样成非常小的抽象表示。然后，我们反过来尝试恢复像素，直到重新生成它们：

```
pixels = Input(shape=(num_pixels,))
encoder_hidden = Dense(512, activation='relu')(pixels)
z_mean = Dense(latent_space_depth,
               activation='linear')(encoder_hidden)
z_log_var = Dense(latent_space_depth,
               activation='linear')(encoder_hidden)
z = Lambda(sample_z, output_shape=(latent_space_depth,))(
        [z_mean, z_log_var])
decoder_hidden = Dense(512, activation='relu')
reconstruct_pixels = Dense(num_pixels, activation='sigmoid')
hidden = decoder_hidden(z)
outputs = reconstruct_pixels(hidden)
auto_encoder = Model(pixels, outputs)
```

这里比较有趣的地方是张量 z 和作用于它的 lambda。张量 z 包含了图像的隐式表示，而 Lambda 则使用 sample_z 方法来执行采样：

```
def sample_z(args):
    z_mean, z_log_var = args
    eps = K.random_normal(shape=(batch_size, latent_space_depth),
                          mean=0., stddev=1.)
    return z_mean + K.exp(z_log_var / 2) * eps
```

在这里，我们使用 z_means 和 z_log_var 两个变量在符合正态分布的点中做随机抽样。

现在，我们来看一下损失函数。损失函数的第一个组成成分是重构损失，该损失用于度量输入像素和输出像素之间的差异：

```
def reconstruction_loss(y_true, y_pred):
    return K.sum(K.binary_crossentropy(y_true, y_pred), axis=-1)
```

损失函数的第二个组成成分使用 KL 散度将分布引导向正确的方向：

```
def KL_loss(y_true, y_pred):
    return 0.5 * K.sum(K.exp(z_log_var) +
                       K.square(z_mean) - 1 - z_log_var,
                       axis=1)
```

然后，我们只需要将以上两种损失相加：

```
def total_loss(y_true, y_pred):
    return (KL_loss(y_true, y_pred) +
            reconstruction_loss(y_true, y_pred))
```

使用以下代码编译我们的模型：

```
auto_encoder.compile(optimizer=Adam(lr=0.001),
                     loss=total_loss,
                     metrics=[KL_loss, reconstruction_loss])
```

这样也可以很方便地掌握训练期间损失的每个组成成分。

由于增加了额外的损失函数和对 sample_z 的带外调用，该模型稍微有点复杂。如果你想要掌握模型的细节，推荐进一步查阅相应的 notebook。现在，我们可以像之前一样训练该模型：

```
cvae.fit(x_train, x_train, verbose = 1, batch_size=batch_size, epochs=50,
         validation_data = (x_test, x_test))
```

完成模型训练之后，我们希望通过使用隐空间中的一个随机点作为输入来观察图像输出。我们可以通过创建第二个模型来实现这一点，该模型的输入是 auto_encoder 模型的中间层，输出是目标图像：

```
decoder_in = Input(shape=(latent_space_depth,))
decoder_hidden = decoder_hidden(decoder_in)
decoder_out = reconstruct_pixels(decoder_hidden)
decoder = Model(decoder_in, decoder_out)
```

现在，我们可以生成一个随机输入，然后将其转换成一副图像：

```
random_number = np.asarray([[np.random.normal()
                            for _ in range(latent_space_depth)]])
def decode_img(a):
    a = np.clip(a * 256, 0, 255).astype('uint8')
    return PIL.Image.fromarray(a)

decode_img(decoder.predict(random_number)
           .reshape(img_width, img_height)).resize((56, 56))
```

讨论

当涉及到生成图像，而不仅仅是再现图像时，变分自编码器向自编码器中添加了一个重要的组成成分。通过确保图像的抽象表示来自一个密集空间——在该空间中靠近原点的点会映射出与输入图像类似的图像，我们现在可以生成与输入图像拥有相似的可能性分布的图像集。

该模型涉及的数学基础超出了本书的讨论范围。其背后的大致原理是，有些图像更加"正常"，而有些图像则比较出乎人们的意料之外。隐空间具有统一的特征，因此距离原点较近的点就对应于较为"正常"的图像，而距离较远的点则会映射出与输入差异较大的图像。从服从正态分布的点中进行采样，可以使采样图像具有与模型在训练期间看见的预期图像和非预期图像相同的混合程度。

拥有密集空间是一件非常棒的事情！它允许我们在数据点间进行内插后仍然获得有效的输出结果。举例来说，如果我们知道隐空间中的一个点映射到"6"，而另一个点映射到"8"，那么我们就可以推测在这两个点之间的点能够映射到"6"和"8"之间的图像。如果我们发现了一些内容相同但是风格不同的图像，那么就可以在这些图像之间查找到一个具有混合风格的图像。我们甚至可以期待在空间的其他方向上找到一个相对极端的风格。

在第3章中，我们探讨了词嵌入，其中每个单词都对应一个向量，可以将其投射到语义空间中，我们还讨论了使用词嵌入能够进行的各类计算。虽然这十分有趣，但是由于语义空间并不密集，我们通常并不期待在两个单词之间能够找到一个折中的单词——比如，在单词"驴"和"马"之间并没有单词"骡子"。类似地，我们也可以使用预训练图像识别网络找到猫图像的向量，但是该向量的周围并不都是猫图像变体的向量表示。

13.5 可视化变分自编码器空间

问题

如何可视化隐空间可生成图像的多样性？

解决方案

使用隐空间中的两个维度来创建一个生成图像网格。

从隐空间中可视化两个维度相对比较简单。对于更高的维度，我们可以尝试使用 t-SNE 将维度降低回二维。很幸运的是，在前一节中我们只使用了两个维度，所以可以通过一个平面将每个 (x, y) 位置映射到隐空间中的一个点。由于使用的是正态分布，我们期待合理的图像会出现在 [–1.5，1.5] 的范围内：

```
num_cells = 10
overview = PIL.Image.new('RGB',
                        (num_cells * (img_width + 4) + 8,
                         num_cells * (img_height + 4) + 8),
                        (128, 128, 128))
vec = np.zeros((1, latent_space_depth))
for x in range(num_cells):
    vec[:, 0] = (x * 3) / (num_cells - 1) - 1.5
    for y in range(num_cells):
        vec[:, 1] = (y * 3) / (num_cells - 1) - 1.5
        decoded = decoder.predict(vec)
        img = decode_img(decoded.reshape(img_width, img_height))
        overview.paste(img, (x * (img_width + 4) + 6,
                            y * (img_height + 4) + 6))
overview
```

上述技巧可以给我们一幅不错的关于网络所学不同数字的图像：

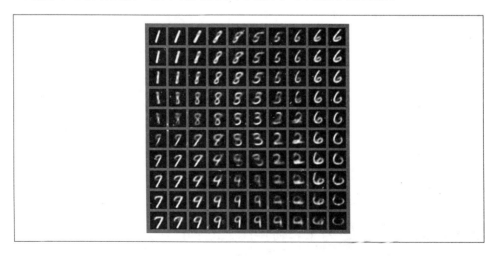

讨论

通过将 (x, y) 映射到隐空间并将结果解码为图像，我们大致了解了空间里包含的内容。正如我们所看到的，隐空间确实相当密集。并不是所有点都对应了数字，有些点如我们预期的那样表示的是数字与数字的中间过渡形态。但是该模型确实找到了一种在网格上自然分布数字的方法。

我们还可以看出，变分自编码器在压缩图像方面效果很好。在隐空间中，每个输入图像仅用 2 个浮点数字表示，而它们的像素表示则需要 $28 \times 28 = 784$ 个浮点数字。其压缩比例几近 400 倍，远远超越了 JPEG 的压缩比例。当然，压缩过程中的信息丢失也相对多——数字"5"的手写体在经过编解码后看起来仍然像手写体"5"，也仍然是相同的图像风格，但是从像素水平上来看，编解码后的图像和原始图像并没有真正对应起来。此外，这种压缩形式仅限于特定领域。它只适用于手写数字，而 JPEG 可用于压缩各种图像和照片。

13.6 条件变分编码器

问题

如何生成某类特定的图像，而非随机的图像？

解决方案

使用条件变分自编码器。

前面两个技巧中讨论的自编码器在生成随机数字方面做得很好，该自编码器还能够将输入的数字编码到一个合适且密集的隐空间中。但是它并不知道数字"5"和数字"3"的区别，因此我们让其生成一个随机的数字"3"的唯一办法，就是首先找出隐空间中所有的数字"3"，然后从该子空间中采样。在这种情况下，条件变分自编码器能够很好地帮助我们，它将标签作为输入，然后将标签连接到隐空间中的向量 z。

这样做有两个好处。首先，它使得模型能够在学习编码时考虑实际的标签。其次，由于它将标签添加到了隐空间中，现在我们的解码器可以同时获得隐空间中的一个点和一个标签，这使得我们可以明确地要求生成特定的数字。上述模型可以使用如下方法表示：

```
pixels = Input(shape=(num_pixels,))
label = Input(shape=(num_labels,), name='label')
inputs = concat([pixels, label], name='inputs')

encoder_hidden = Dense(512, activation='relu',
                       name='encoder_hidden')(inputs)
z_mean = Dense(latent_space_depth,
               activation='linear')(encoder_hidden)
z_log_var = Dense(latent_space_depth,
                  activation='linear')(encoder_hidden)
z = Lambda(sample_z,
           output_shape=(latent_space_depth, ))([z_mean, z_log_var])
zc = concat([z, label])

decoder_hidden = Dense(512, activation='relu')
reconstruct_pixels = Dense(num_pixels, activation='sigmoid')
decoder_in = Input(shape=(latent_space_depth + num_labels,))
hidden = decoder_hidden(decoder_in)
decoder_out = reconstruct_pixels(hidden)
decoder = Model(decoder_in, decoder_out)

hidden = decoder_hidden(zc)
outputs = reconstruct_pixels(hidden)
cond_auto_encoder = Model([pixels, label], outputs)
```

我们为模型提供图像和标签，以便于训练模型：

```
cond_auto_encoder.fit([x_train, y_train], x_train, verbose=1,
                      batch_size=batch_size, epochs=50,
                      validation_data = ([x_test, y_test], x_test))
```

现在，我们可以生成一个特定的数字“4”：

```
number_4 = np.zeros((1, latent_space_depth + y_train.shape[1]))
number_4[:, 4 + latent_space_depth] = 1
decode_img(cond_decoder.predict(number_4).reshape(img_width, img_height))
```

我们可以在独热编码中指定生成哪个数字，还可以要求模型生成介于两个数字之间的图像符号：

```
number_8_3 = np.zeros((1, latent_space_depth + y_train.shape[1]))
number_8_3[:, 8 + latent_space_depth] = 0.5
number_8_3[:, 3 + latent_space_depth] = 0.5
```

```
decode_img(cond_decoder.predict(number_8_3).reshape(
    img_width, img_height))
```

如下图所示，模型确实返回了介于两个数字之间的结果：

还有一件有趣事情我们可以在这里尝试一下，将数字放在 y 轴上，并使用 x 轴为隐空间的某一维度选择数值：

```
num_cells = 10
overview = PIL.Image.new('RGB',
                         (num_cells * (img_width + 4) + 8,
                          num_cells * (img_height + 4) + 8),
                         (128, 128, 128))
img_it = 0
vec = np.zeros((1, latent_space_depth + y_train.shape[1]))
for x in range(num_cells):
    vec = np.zeros((1, latent_space_depth + y_train.shape[1]))
    vec[:, x + latent_space_depth] = 1
    for y in range(num_cells):
        vec[:, 1] = 3 * y / (num_cells - 1) - 1.5
        decoded = cond_decoder.predict(vec)
        img = decode_img(decoded.reshape(img_width, img_height))
        overview.paste(img, (x * (img_width + 4) + 6,
                             y * (img_height + 4) + 6))
overview
```

如上图所示，隐空间表达了数字的样式，并且同一行中不同数字的样式是一

致的。在上例中，隐空间似乎控制的是数字的倾斜度。

讨论

条件变分自编码器是我们学习变分自编码器的最后一站。这类网络能够将数字映射到一个被标记过的密集隐空间中，网络允许我们在指定图像风格的同时对随机图像进行采样。

为网络提供标签的一个副作用是，网络不再需要对数字进行学习，它可以专注于对数字风格进行学习了。

第 14 章

使用深度网络生成图标

在上一章中，我们学习了如何从 Quick Draw 项目生成手绘草图，以及从 MNIST 数据集生成数字。在本章中，我们将在生成图标这一更具挑战性的项目上尝试三种不同类型的网络。

在开始执行生成过程之前，我们需要先获取一组图标。在线搜索"免费图标"可以得到很多搜索结果。但是，这些结果并不是真正免费的（即没有任何使用限制的免费使用），大部分结果只是让用户感觉好像不需要花钱。此外，你还不能免费地重用这些图标，并且通常情况下网站会强烈建议你购买它们。因此，我们将从如何下载、提取，并将图标处理成本章后续可使用的标准格式开始介绍本章内容。

在本章中我们尝试的第一件事情，是在这组图标上训练一个条件变分自编码器。我们将以上一章结尾的网络作为基础，但是，在本章中将添加一些卷积层以提升网络性能，因为图标空间比手绘数字复杂得多。

我们尝试的第二个网络类型是生成式对抗网络（Generative Adversarial Network, GAN）。这里我们将训练两个网络，一个用来生成图标，另一个用来区分生成的图标和真实的图标。两个网络相互竞争将产生更好的结果。

我们尝试的第三种网络是 RNN。在第 5 章中，我们使用这个网络生成了特定风格的文本。通过将图标重新理解为一组绘图指令，我们可以使用相同的技术来生成图像。

本章的代码可从以下 Python notebook 中找到：

14.1 获得训练用的图标

问题

如何获取一大组标准格式的图标?

解决方案

从 Mac 应用 Icons8 中提取图标。

Icons8 包含一大组图标——数量多达 63 000 多个。其数量较多的部分原因是不同格式的图标存在被重复计算的现象，但它仍然是一个很好的图标数据集。很遗憾的是，这些图标分散在 Mac 和 Windows 的应用程序里。好的一面是 *Mac.dmg* 文件实际上是一个包含应用程序的 p7zip 文件，该应用程序自身也是 p7zip 文件。首先，让我们下载该应用。打开网址 *https://icons8.com/app*，并确保下载 Mac 版本（即使你使用的是 Linux 或 Windows 操作系统）。现在，为你的操作系统安装 p7zip 的命令行版本，提取 *.dmg* 文件内容到它的文件夹：

```
7z x Icons8App_for_Mac_OS.dmg
```

.dmg 文件包含一些元信息和 Mac 应用。让我们解压该应用：

```
cd Icons8\ v5.6.3
7z x Icons8.app
```

这个文件像洋葱一样包含了很多层。你会看到一个 *.tar* 文件，这个文件也需要进行解压：

```
tar xvf icons.tar
```

解压后我们获得了一个名字叫 icons 的目录，其中包含了 *.ldb* 文件，这表示该目录代表一个 Level DB 数据库。我们切换到 Python 看看里面的情况：

```
# Adjust to your local path:
path = '/some/path/Downloads/Icons8 v5.6.3/icons'
db = plyvel.DB(path)

for key, value in db:
    print(key)
    print(value[:400])
    break

> b'icon_1'
b'TSAF\x03\x00\x02\x00\x07\x00\x00\x00\x00\x00\x00\x00$\x00\x00\x00\
x18\x00\x00\x00\r\x00\x00\x00-\x08id\x00\x08Messaging\x00\x08categ
ory\x00\x19\x00\x03\x00\x00\x00\x08Business\x00\x05\x01\x08User
Interface\x00\x08categories\x00\x18\x00\x00\x00\x03\x00\x00\x00\x08
Basic Elements\x00\x05\x04\x01\x05\x01\x08Business
Communication\x00\x05\x03\x08subcategories\x00\x19\x00\r\x00\x00\x00
\x08contacts\x00\x08phone book\x00\x08contacts
book\x00\x08directory\x00\x08mail\x00\x08profile\x00\x08online\x00
\x08email\x00\x08records\x00\x08alphabetical\x00\x08sim\x00\x08phone
numbers\x00\x08categorization\x00\x08tags\x00\x0f9\x08popularity\x00
\x18\x00\x00\x02\x00\x00\x00\x1c\x00\x00\x00\xe8\x0f\x00\x00<?xml
version="1.0" encoding="utf-8"?>\n<!-- Generato'
```

非常不错！我们找到了图标，它们似乎是使用 .svg 向量格式编码的。并且看起来它们还包含在另一种格式中，该格式带有 TSAF 头结构。在线读取该格式，可以发现它似乎是一个与 IBM 有关的格式，但是我们很难找到一个能够从这个文件中提取数据的 Python 库。此外，这个简单的导出表明，我们正在处理的是键/值对，其中键用 \x00 分开，值用 \x08 分开。尽管这并不完全可行，但是足以建立一个健壮的解析器：

```
splitter = re.compile(b'[\x00-\x09]')

def parse_value(value):
    res = {}
    prev = ''
    for elem in splitter.split(value):
        if not elem:
            continue
        try:
            elem = elem.decode('utf8')
        except UnicodeDecodeError:
            continue
        if elem in ('category', 'name', 'platform',
                    'canonical_name', 'svg', 'svg.simplified'):
```

```
            res[elem] = prev
        prev = elem
    return res
```

这个代码提取了 SVG 和一些稍后可能用到的基本属性。不同的平台或多或少地包含同样的图标，因此我们需要选择一个平台。iOS 系统似乎涵盖了最多的图标，让我们选取该平台继续操作：

```
icons = {}
for _, value in db:
    res = parse_value(value)
    if res.get('platform') == 'ios':
        name = res.get('name')
        if not name:
            name = res.get('canonical_name')
            if not name:
                continue
        name = name.lower().replace(' ', '_')
        icons[name] = res
```

现在，让我们将这些写入磁盘以备后续处理。我们将保存这些 SVG，但是也会将位图保存为 PNG 格式：

```
saved = []
for icon in icons.values():
    icon = dict(icon)
    if not 'svg' in icon:
        continue
    svg = icon.pop('svg')
    try:
        drawing = svg2rlg(Bytes IO(svg.encode('utf8')))
    except ValueError:
        continue
    except AttributeError:
        continue
    open('icons/svg/%s.svg' % icon['name'], 'w').write(svg)
    p = render PM.draw To PIL(drawing)
    for size in SIZES:
        resized = p.resize((size, size), Image.ANTIALIAS)
        resized.save('icons/png%s/%s.png' % (size, icon['name']))
    saved.append(icon)
json.dump(saved, open('icons/index.json', 'w'), indent=2)
```

讨论

虽然有很多线上网站会打广告宣称自己的图标是免费的，但是在实践中，想要获得一个好的训练集还是相当复杂的。在本例中，我们在下载的 *.dmg* 文件中的 Mac 应用程序内的 LevelDB 数据库里，发现了神秘的 TSAF 存储，在其中找到了 SVG 的图标。一方面，这似乎比我们预想的复杂得多。另一方面，这也表明，只要通过一点"侦查"工作，我们可以发现很多非常有趣的数据集。

14.2 将图标转换为张量表示

问题

如何将已存储图标的格式转换成一个适用于网络训练的格式？

解决方案

连接图标并将它们归一化。

这与我们为预训练网络处理图像十分类似，区别是现在我们将训练自己的神经网络。在这里，所有图像均需要是 32×32 像素的，我们会记下均值和方差，以便于正确地进行归一化和反归一化。我们将数据划分为训练集和测试集：

```
def load_icons(train_size=0.85):
    icon_index = json.load(open('icons/index.json'))
    x = []
    img_rows, img_cols = 32, 32
    for icon in icon_index:
        if icon['name'].endswith('_filled'):
            continue
        img_path = 'icons/png32/%s.png' % icon['name']
        img = load_img(img_path, grayscale=True,
                       target_size=(img_rows, img_cols))
        img = img_to_array(img)
        x.append(img)
    x = np.asarray(x) / 255
    x_train, x_val = train_test_split(x, train_size=train_size)
    return x_train, x_val
```

讨论

上述过程相当标准化。我们读入图像，将他们放进一个数组，对数组进行归一化，然后将处理结果的数据集分割成训练集和测试集。我们通过对灰度像素除以 255 实现归一化。后续我们将使用 sigmoid 作为激活函数，该函数只生成正数，因此不需要减去均值。

14.3 使用变分自编码器生成图标

问题

你希望生成一种特定风格的图标。

解决方案

在第 13 章介绍的 MNIST 解决方案中增加卷积层。

我们用于生成数字的变分编码器所拥有的隐空间仅有两个维度。因为手写数字之间其实没有太大差别，所以我们才能很侥幸地只使用这么小的空间。本质上，我们只有十个数字，而且每个都很相似。此外，我们还使用了一个全连接网络与隐空间交互。相较于手写数字，图标更加多样化，因此在使用一个全连接层之前，我们将使用几个卷积层以减少图像尺寸，最后是以隐状态结束：

```
input_img = Input(shape=(32, 32, 1))
channels = 4
x = input_img
for i in range(5):
    left = Conv2D(channels, (3, 3),
                  activation='relu', padding='same')(x)
    right = Conv2D(channels, (2, 2),
                   activation='relu', padding='same')(x)
    conc = Concatenate()([left, right])
    x = MaxPooling2D((2, 2), padding='same')(conc)
    channels *= 2

x = Dense(channels)(x)
encoder_hidden = Flatten()(x)
```

我们和以往一样处理损失函数和分布。对于 KL_loss 来说，权重十分重要。如果设置得太低，结果空间会比较稀疏。如果设置得太高，神经网络会很快学习到预测空位图将会带来较大的 reconstruction_loss 和非常大的 KL_loss：

```
z_mean = Dense(latent_space_depth,
               activation='linear')(encoder_hidden)
z_log_var = Dense(latent_space_depth,
                  activation='linear')(encoder_hidden)

def KL_loss(y_true, y_pred):
    return (0.001 * K.sum(K.exp(z_log_var)
            + K.square(z_mean) - 1 - z_log_var, axis=1))

def reconstruction_loss(y_true, y_pred):
    y_true = K.batch_flatten(y_true)
    y_pred = K.batch_flatten(y_pred)
    return binary_crossentropy(y_true, y_pred)

    def total_loss(y_true, y_pred):
        return (reconstruction_loss(y_true, y_pred)
                + KL_loss(y_true, y_pred))
```

现在，我们再将隐状态转换回图标。和前面一样，对于编码器和自编码器，我们并行执行该任务：

```
z = Lambda(sample_z,
           output_shape=(latent_space_depth, ))([z_mean, z_log_var])
decoder_in = Input(shape=(latent_space_depth,))

d_x = Reshape((1, 1, latent_space_depth))(decoder_in)
e_x = Reshape((1, 1, latent_space_depth))(z)
for i in range(5):
    conv = Conv2D(channels, (3, 3), activation='relu', padding='same')
    upsampling = UpSampling2D((2, 2))
    d_x = conv(d_x)
    d_x = upsampling(d_x)
    e_x = conv(e_x)
    e_x = upsampling(e_x)
    channels //= 2

final_conv = Conv2D(1, (3, 3), activation='sigmoid', padding='same')
auto_decoded = final_conv(e_x)
decoder_out = final_conv(d_x)
```

训练神经网络，我们需要确保训练集和测试集大小可以被 batch_size 整除，否则 KL_loss 函数会执行失败：

```
def truncate_to_batch(x):
    l = x.shape[0]
    return x[:l - l % batch_size, :, :, :]

x_train_trunc = truncate_to_batch(x_train)
```

```
x_test_trunc = truncate_to_batch(x_test)
x_train_trunc.shape, x_test_trunc.shape
```

像以前一样，我们可以从空间中随机采样一些图标：

正如你所看到的，网络确实学到了一些图标。它们大多看起来像是填充了一些东西的盒子，并且接触不到 32×32 容器之外。但是，它们仍然相当模糊！

讨论

在更加异构的图标空间上应用我们前面开发的变分自编码器，需要一步一步地使用卷积层以减少位图的尺寸并增加抽象水平，直到我们进入隐空间。这与图像识别网络的工作方法十分相似。将图标投影到一个 128 维空间之后，我们同时在生成器和自编码器上使用上采样层。

本节的结果非常有趣（简直比扣篮还要更有趣一些）！我们的问题一部分出在了图标上，就像前几章中猫的图像一样，它们包含了很多线条，这使得网络很难完全正确地掌握它们。当有疑问时，网络会选择模糊的线条。更糟糕的是，图标通常包含类似棋盘一样的抖动区域。这些模式当然是可以学习的，但是在这种情况下，错一个像素就意味着整个答案完全错了！

网络性能较差的另一个原因是我们的图标相对较少。下一节将会给出解决该问题的诀窍。

14.4 使用数据扩充提升自编码器的性能

问题

在没有更多数据的情况下，如何提供神经网络的性能？

解决方案

使用数据扩充（data augmentation）。

在上一节中，自编码器只学到了图标的模糊轮廓，而没有学到其他东西。输出结果表明网络确实提取了一些内容，但是还不足以完成主要工作。为网络送入更多的数据可能对于解决这个问题有帮助，但这需要寻找更多的图标，并且这些图标要与我们原有的图标非常相似才有帮助。因此，取而代之的是，我们将尝试生成更多的数据。

正如我们在第 1 章所讨论的，数据扩充背后的理念是生成不同的输入数据，这些数据不对网络造成影响。在本例中，通过将图标送入网络，我们希望网络学习到图标的概念。但是如果我们翻转或旋转图标，这会使它们变得不像图标吗？并不会。这样做可以使我们的输入增加 16 倍。网络将从这些新的训练例子中学习到，旋转和翻转并不重要，并且有望表现得更好。数据扩充处理如下所示：

```
def augment(icons):
    aug_icons = []
    for icon in icons:
        for flip in range(4):
            for rotation in range(4):
                aug_icons.append(icon)
                icon = np.rot90(icon)
            icon = np.fliplr(icon)
    return np.asarray(aug_icons)
```

将数据扩充应用到训练集和测试集：

```
x_train_aug = augment(x_train)
x_test_aug = augment(x_test)
```

网络的训练时长明显增长了一些。但是，其结果也更好：

讨论

数据扩充技术在被推广到计算机图像处理领域后得到了广泛使用。翻转或旋转图像是一种显而易见的图像数据扩充方法，但是鉴于我们是从图标的 *.svg* 表示开始的，其实我们还有许多事可以做。SVG 是一种向量格式，因此我们可以通过轻微地旋转或放大来生成图标，同时不带来人工痕迹，但如果我们的基础数据中只包含位图，那么很容易留下人工痕迹。

我们最终获得的图标空间比上一个技巧中的图标空间要好，它似乎捕捉到了图标的一些形状。

14.5 构建生成式对抗网络

问题

你希望构建一个能够生成图像的网络，以及另一个能够学会区分生成图像和原始图像的网络。

解决方案

创建一个图像生成器和一个图像判别器，让它们一起工作。

生成式对抗网络背后的关键思想是，如果你有两个网络，一个用于生成图像，另一个判断生成的图像，那么将它们串联在一起训练，它们就会在学习过程中相互约束。让我们从图像生成网络开始着手。这类似于在自编码器中我们对解码器所做的工作：

```
inp = Input(shape=(latent_size,))
x = Reshape((1, 1, latent_size))(inp)

channels = latent_size
padding = 'valid'
strides = 1
for i in range(4):
    x = Conv2DTranspose(channels, kernel_size=4,
                        strides=strides, padding=padding)(x)
    x = BatchNormalization()(x)
    x = LeakyReLU(.2)(x)

    channels //= 2
    padding = 'same'
    strides = 2

x = Conv2DTranspose(1, kernel_size=4, strides=1, padding='same')(x)
image_out = Activation('tanh')(x)
```

```
model = Model(inputs=inp, outputs=image_out)
```

另外一个网络，即图像判别器，将会输入图像并输出认为该图是生成图像还是原始图像的判定。从这个层面来看，它像是一个只有二进制输出的经典卷积网络：

```
inp = Input(shape=(32, 32, 1))
x = inp

channels = 16

for i in range(4):
    layers = []
    conv = Conv2D(channels, 3, strides=2, padding='same')(x)
    if i:
        conv = BatchNormalization()(conv)
    conv = LeakyReLU(.2)(conv)
    layers.append(conv)
    bv = Lambda(lambda x: K.mean(K.abs(x[:] - K.mean(x, axis=0)),
                        axis=-1,
                        keepdims=True))(conv)
    layers.append(bv)
    channels *= 2
    x = Concatenate()(layers)

x = Conv2D(128, 2, padding='valid')(x)
x = Flatten(name='flatten')(x)

fake = Dense(1, activation='sigmoid', name='generation')(x)

m = Model(inputs=inp, outputs=fake)
```

在下一节中，我们将学习如何一起训练这两个网络。

讨论

在图像生成方面，生成式对抗网络（GAN）是近年提出的新技术。一种理解它的方式是，认为生成器和判别器这两个网络在一起进行学习，并在竞争中变得更好。

另一种理解它的方式是将判别器作为生成器的动态损失函数。当一个网络学习如何区分猫和狗时，一个简单的损失函数就可以很好地工作——网络会告诉你一个事物是猫或者不是猫，我们可以将输出结果和真实情况的差别作为损失函数。

当涉及生成图像时,这就变得比较棘手了。如何对两幅图像进行比较?本章前几节中,在使用自编码器生成图像时就遇到了这个问题。当时,我们只是逐个像素地比较图像——当两个图像完全相同时,这种方法是可行的,但是当两个图像相似但不相同时,这种方法效果并不好。两个完全相同,但是仅仅偏移了一个像素的图标,不一定在同一位置有很多像素。因此,自编码器通常倾向于产生失真的图像。

利用第二个网络进行判断允许整个系统学习更具变通性的图像相似度。同时,在图像质量更好的情况下,我们也可以调整系统使其变得更加严格。而对于自编码器,如果我们开始过分强调密集的空间,那么网络将什么都学不会。

14.6 训练生成式对抗网络

问题

如何一起训练 GAN 的两个组件呢?

解决方案

回到底层的 TensorFlow 框架,一起运行两个网络。

通常我们在谈到底层 TensorFlow 框架时,只是让 Keras 做繁重的工作。我们能够实现的直接使用 Keras 的最好方法是交替训练生成器和判别器网络,但是这也只是次优方案。秦永亮 (Qin Yongliang) 写了一篇博客 (*http://bit.ly/2ILx7Te*),介绍了如何绕过这个限制。

首先,我们生成一些噪声,并将噪声送入生成器以产生图像,然后将真实图像和生成图像一起送入判别器:

```
noise = Input(shape=g.input_shape[1:])
real_data = Input(shape=d.input_shape[1:])

generated = g(noise)
gscore = d(generated)
```

```
rscore = d(real_data)
```

现在，我们可以构建两个损失函数。生成器损失值的得分依据是判别器认为的图像的真实程度。判别器损失值的得分基于其区分虚假图像和真实图像程度的组合：

```
dloss = (- K.mean(K.log((1 - gscore) + .1 * K.log((1 - rscore)
        + .9 * K.log((rscore))))
gloss = - K.mean(K.log((gscore))
```

接下来，我们将计算上述两个网络的可训练权重梯度，以优化这两个损失函数：

```
optimizer = tf.train.Adam Optimizer(1e-4, beta1=0.2)
grad_loss_wd = optimizer.compute_gradients(dloss, d.trainable_weights)
update_wd = optimizer.apply_gradients(grad_loss_wd)
grad_loss_wg = optimizer.compute_gradients(gloss, g.trainable_weights)
update_wg = optimizer.apply_gradients(grad_loss_wg)
```

汇总各步骤结果和张量：

```
other_parameter_updates = [get_internal_updates(m) for m in [d, g]]
train_step = [update_wd, update_wg, other_parameter_updates]
losses = [dloss, gloss]
learning_phase = K.learning_phase()
```

我们已经做好了设置训练器的准备。Keras 需要设置 learning_phase：

```
def gan_feed(sess,batch_image, z_input):
    feed_dict = {
        noise: z_input,
        real_data: batch_image,
        learning_phase: True,
    }
    loss_values, = sess.run([losses], feed_dict=feed_dict)
```

我们通过生成自己的批数据，为训练提供变量：

```
sess = K.get_session()
l = x_train.shape[0]
l -= l % BATCH_SIZE
for i in range(epochs):
    np.random.shuffle(x_train)
    for batch_start in range(0, l, BATCH_SIZE):
        batch = x_train[batch_start: batch_start + BATCH_SIZE]
```

```
z_input = np.random.normal(loc=0.,
                           scale=1.,
                           size=(BATCH_SIZE, LATENT_SIZE))
losses = gan_feed(sess, batch, z_input)
```

讨论

一次更新两个网络的权重使我们能够深入到 TensorFlow 层。虽然这有点麻烦，但是偶尔了解一下底层系统，而不总是依赖于 Keras 提供的"魔力"也是件好事。

 网络上有许多简单的实现方法，这些方法通常都是分步运行两个网络，而不是同时运行。

14.7 显示 GAN 生成的图标

问题

在 GAN 的学习过程中，如何显示其执行的过程？

解决方案

在完成全部图像一代训练之后，增加一个图标渲染器。

我们可以充分利用自己执行批处理这个优势，在每次训练完全部图像后，使用中间结果更新 notebook。

让我们从使用生成器渲染一组图标开始：

```
def generate_images(count):
    noise = np.random.normal(loc=0.,
                             scale=1.,
                             size=(count, LATENT_SIZE))
    for tile in gm.predict([noise]).reshape((count, 32, 32)):
        tile = (tile * 300).clip(0, 255).astype('uint8')
        yield PIL.Image.fromarray(tile)
```

接下来，让我们把图标展现在一个概览图上：

```
def poster(w_count, h_count):
    overview = PIL.Image.new('RGB',
                             (w_count * 34 + 2, h_count * 34 + 2),
                             (128, 128, 128))
    for idx, img in enumerate(generate_images(w_count * h_count)):
        x = idx % w_count
        y = idx // w_count
        overview.paste(img, (x * 34 + 2, y * 34 + 2))
    return overview
```

我们现在可以将以下代码增加到代循环中：

```
clear_output(wait=True)
f = BytesIO()
poster(8, 5).save(f, 'png')
display(Image(data=f.getvalue()))
```

完成一次全部图像的一代训练之后，开始出现一些模糊的图标：

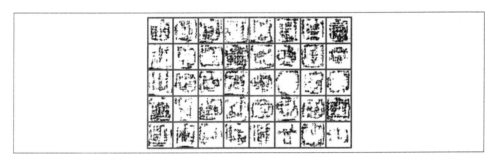

经过 25 代的全部图像训练迭代之后，我们可以看到结果开始显现出了一些图标特质：

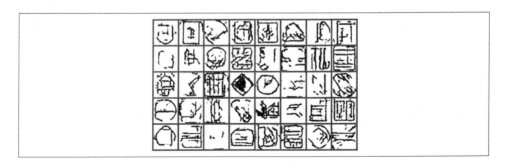

讨论

GAN 最终生成的图标要好于自编码器生成的图标。大多数情况下，这些图标更加清晰，这可以归功于判别器网络，它决定了图标质量是否良好，而不是逐个像素地对比图标。

 GAN 及其衍生技术的应用已经大规模地爆发了，从使用照片进行 3D 模型重建到老照片着色，再到超分辨率处理，其中 GAN 网络能够提高小图像的分辨率，而不使它变得模糊或斑驳。

14.8 将图标编码成绘图指令

问题

你希望将图标转换为适合 RNN 训练的格式。

解决方案

将图标编码成绘图指令。

正如我们第 5 章所看到的，RNN 可以学习序列。但是，如果我们希望使用 RNN 生成图标会怎么样呢？我们可以简单地将每个图标编码为图像序列。一种方法是将图标视为"展开"的像素序列，共有 32*32=1024 个像素，对应着我们的像素词汇表。这种方法是有效的，但是使用实际的绘制指令效果会更好一些。

如果我们把图标看作是一系列的扫描行，对于每个扫描行中的像素我们只需要 32 个不同的标记。另外，添加一个标记用来表示换行，并在最后添加一个标记用来表示图标的末尾，这样我们就得到了一个不错的顺序表示。相关代码如下：

```
def encode_icon(img, icon_size):
    size_last_x = 0
    encoded = []
    for y in range(icon_size):
        for x in range(icon_size):
            p = img.getpixel((x, y))
            if img.getpixel((x, y)) < 192:
                encoded.append(x)
                size_last_x = len(encoded)
        encoded.append(icon_size)
```

```
    return encoded[:size_last_x]
```

我们可以通过像素来解码每个图像:

```
def decode_icon(encoded, icon_size):
    y = 0
    for idx in encoded:
        if idx == icon_size:
            y += 1
        elif idx == icon_size + 1:
            break
        else:
            x = idx
            yield x, y

icon = PIL.Image.new('L', (32, 32), 'white')
for x, y in decode_icon(sofar, 32):
    if y < 32:
        icon.putpixel((x, y), 0)
```

讨论

与第 1 章我们看到的实现方法类似,将图标编码成绘图指令集是一种让网络轻松学到我们希望让其学习内容的数据处理方式。通过明确的绘图指令,我们确保了网络不会像自编码器那样倾向于学习绘制模糊的线条——它也不能这样做。

14.9 训练 RNN 绘制图标

问题

你希望训练 RNN 来生成图标。

解决方案

基于绘画指令训练网络。

既然我们已经可以将单个图标编码为绘制指令,那么下一步就是对整个图标集合进行编码。鉴于我们将把大部分图标送入 RNN,并要求它预测下一个指令,我们实际上建立了一个大型"文档"。

```python
def make_array(icons):
    res = []
    for icon in icons:
        res.extend(icon)
        res.append(33)
    return np.asarray(res)

def load_icons(train_size=0.90):
    icon_index = json.load(open('icons/index.json'))
    x = []
    img_rows, img_cols = 32, 32
    for icon in icon_index:
        if icon['name'].endswith('_filled'):
            continue
        img_path = 'icons/png32/%s.png' % icon['name']
        x.append(encode_icon(PIL.Image.open(img_path), 32))
    x_train, x_val = train_test_split(x, train_size=train_size)
    x_train = make_array(x_train)
    x_val = make_array(x_val)
    return x_train, x_val

x_train, x_test = load_icons()
```

我们将采用与生成莎士比亚文本所用模型相同的模型：

```python
def icon_rnn_model(num_chars, num_layers, num_nodes=512, dropout=0.1):
    input = Input(shape=(None, num_chars), name='input')
    prev = input
    for i in range(num_layers):
        lstm = LSTM(num_nodes, return_sequences=True,
                    name='lstm_layer_%d' % (i + 1))(prev)
        if dropout:
            prev = Dropout(dropout)(lstm)
        else:
            prev = lstm
            dense = TimeDistributedlDenselnum_chars,
                                    name='dense',
                                    activation='softmax'))(prev)
    model = Model(inputs=[input], outputs=[dense])
    optimizer = RMSprop(lr=0.01)
    model.compile(loss='categorical_crossentropy',
                  optimizer=optimizer,
                  metrics=['accuracy'])
    return model

model = icon_rnn_model(34, num_layers=2, num_nodes=256, dropout=0)
```

讨论

如果你想了解更多本节中的网络如何训练以及数据如何生成的信息，最好返回前面查阅第 5 章。

你可以尝试不同的层数和节点数，或者不同的 Dropout 值。选择不同的 RNN
层也会对结果有影响。这个模型有些脆弱，它很容易进入一个状态，在那里
它什么也学不到，或者学了之后就陷入局部最大值。

14.10 使用 RNN 生成图标

问题

你已经训练了神经网络，现在如何使用它生成图标？

解决方案

将测试集的一些随机比特送入神经网络，把预测结果作为绘图指令。

这里的基本框架再一次与我们生成莎士比亚文本或 Python 代码时所用的方法
相同。唯一的不同之处在于，我们需要将预测结果输入到图标解码器中，以
便输出图标。让我们先做一些预测：

```
def generate_icons(model, num=2, diversity=1.0):
    start_index = random.randint(0, len(x_test) - CHUNK_SIZE - 1)
    generated = x_test[start_index: start_index + CHUNK_SIZE]
    while num > 0:
        x = np.zeros((1, len(generated), 34))
        for t, char in enumerate(generated):
            x[0, t, char] = 1.
        preds = model.predict(x, verbose=0)[0]
        preds = np.asarray(preds[len(generated) - 1]).astype('float64')
        exp_preds = np.exp(np.log(preds) / diversity)
```

diversity 参数控制着预测结果与确定性结果（diversity 为 0 时模型的
样子）之间的差异。我们需要 diversity 参数来生产不同的图标，但是也
要避免陷入循环。

我们将把每个预测结果收集到变量 so_far 中，每次遇到数值 33（图标的末
尾）时都会刷新该值。我们还会检查 y 值是否在范围之内——模型或多或少
地了解图标的大小，但有时会试着将颜色涂到线之外：

```
    if next_index == 33:
        icon = PIL.Image.new('L', (32, 32), 'white')
        for x, y in decode_icon(sofar, 32):
            if y < 32:
                icon.putpixel((x, y), 0)
        yield icon
        num -= 1
    else:
        sofar.append(next_index)
```

有了这个，我们现在可以绘制一个图标的"海报"了。

```
cols = 10
rows = 10
overview = PIL.Image.new('RGB',
                        (cols * 36 + 4, rows * 36 + 4),
                        (128, 128, 128))
for idx, icon in enumerate(generate_icons(model, num=cols * rows)):
    x = idx % cols
    y = idx // cols
    overview.paste(icon, (x * 36 + 4, y * 36 + 4))
overview
```

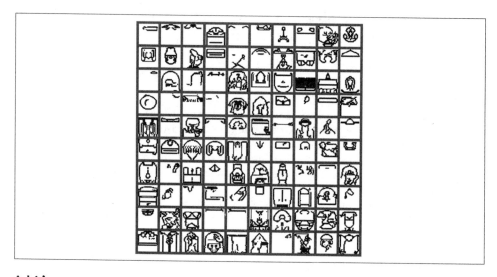

讨论

使用 RNN 生成图标是我们本章三个尝试内容中最大胆的一个，也可能是最能捕捉到图标本质的一个。该模型学习了对称性、图标中的基本形状甚至偶尔的抖动以获得半色调的概念。

我们可以尝试组合本章介绍的不同方法。例如，我们可以用一个 RNN 接受绘图指令，捕获该点的隐式状态，然后用第二个 RNN 基于该状态进行绘图指令重构，而不是试图预测下一个绘图指令。这样，我们将得到一个基于 RNN 的自编码器。在文本领域，上述方法已经获得了一定成功。

RNN 也可以与 GAN 进行组合。我们用 RNN 生成绘画指令，然后让判别器网络判断这些是真的还是假的，而不是让生成器网络接收一个隐变量并将其转化为图标。

第 15 章

音乐与深度学习

本书的其他章节都在讨论图像和文本处理。这些章节反映了深度学习领域各种媒体间的平衡，但是这并不是说声音处理就比较乏味或者近年来该领域没有突破性进展。语音识别和语音合成技术使得亚马逊 Alexa 和 Google Home 成为可能。而自从 Siri 出现之后，关于拨错电话号码的老笑话现在再也不会出现了。

在这些系统上开始实验非常容易，有很多 API 可以帮助你在几个小时内运行起一个简单的语音应用。然而，语音处理任务实际上是在亚马逊、Google 或苹果的数据中心运行的，因此我们还不认为这些是真正的深度学习实验。尽管 Mozilla 的深度语音（Deep Speech）已取得了令人瞩目的进步，但建立最先进的语音识别系统还是十分困难的。

本章中，我们关注的重点是音乐。我们将从训练音乐分类器模型开始，该模型可以告诉我们正在听的是什么音乐。然后，使用模型结果建立本地 MP3 索引，这使搜索风格相似的歌曲成为可能。最后，我们将使用 Spotify API 建立公开播放列表语料库，并用该库建立音乐推荐系统。

本章的代码可从以下 Python notebook 中找到：

```
15.1 Song Classification
15.2 Index Local MP3s
15.3 Spotify Playlists
15.4 Train a Music Recommender
```

15.1 为音乐分类器创建训练数据集

问题

如何为分类器获取和准备一个音乐数据集?

解决方案

为加拿大维多利亚大学提供的测试集创建频谱。

你可以尝试插上带有 MP3 音乐集的外部驱动器,依靠这些歌曲上的标签建立数据集。但是,这些标签有可能是随机的或存在缺失。因此,最好从科研机构已经标注好的训练集开始着手:

```
wget http://opihi.cs.uvic.ca/sound/genres.tar.gz
tar xzf genres.tar.gz
```

执行上述代码,我们可以获得一个名为 genres 的目录,该目录包含了不同音乐风格的子目录:

```
>ls ~/genres
blues  classical  country  disco  hiphop  jazz  metal  pop  reggae  rock
```

这些目录包括声音文件 (.au),每种风格有 100 个片段,每个片段时长 29 秒。我们可以尝试将原始声音的帧直接送入神经网络,也许 LSTM 可以学会一些东西,但是更好的方法是对声音进行预处理。声音是真实的声波,但是我们听到的不是波形,而是一定频率的音调。

因此,有一个好方法可以让网络的工作方式更像我们听觉系统的工作方式,那就是将声音转换成频谱——每个样本将由一系列音频频率和它们各自的强度来表示。Python 的 **librosa** 库里有一些标准函数可以完成上述转换,该库还提供了梅尔频谱图 (melspectrogram) 计算功能。梅尔频谱图是一种能够逼真地模拟人类听觉工作原理的频谱。让我们载入音乐并把声音片段转换成频谱:

```
def load_songs(song_folder):
    song_specs = []
    idx_to_genre = []
    genre_to_idx = {}
```

```
genres = []
for genre in os.listdir(song_folder):
    genre_to_idx[genre] = len(genre_to_idx)
    idx_to_genre.append(genre)
    genre_folder = os.path.join(song_folder, genre)
    for song in os.listdir(genre_folder):
        if song.endswith('.au'):
            signal, sr = librosa.load(
                os.path.join(genre_folder, song))
            melspec = librosa.feature.melspectrogram(
                signal, sr=sr).T[:1280,]
            song_specs.append(melspec)
            genres.append(genre_to_idx[genre])
return song_specs, genres, genre_to_idx, idx_to_genre
```

让我们来看看一些音乐风格的频谱图。由于这些频谱图现在只是矩阵，我们可以把它们当作位图。它们非常稀疏，因此我们将对它们进行过度曝光以了解更多细节：

```
def show_spectogram(show_genre):
    show_genre = genre_to_idx[show_genre]
    specs = []
    for spec, genre in zip(song_specs, genres):
        if show_genre == genre:
            specs.append(spec)
            if len(specs) == 25:
                break
    if not specs:
        return 'not found!'
    x = np.concatenate(specs, axis=1)
    x = (x - x.min()) / (x.max() - x.min())
    plt.imshow((x *20).clip(0, 1.0))

show_spectogram('classical')
```

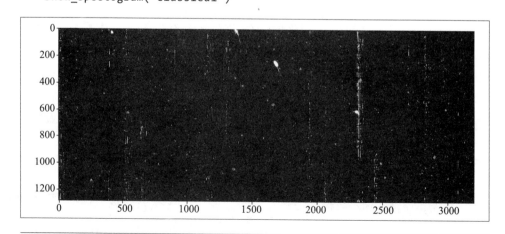

```
show_spectogram('metal')
```

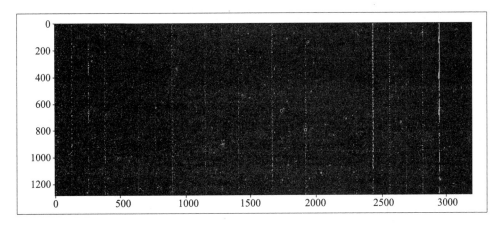

尽管很难准确说出上述图像的意义，但是有种说法认为，金属音乐比古典音乐的结构更死板，这也并非十分出乎意料。

讨论

正如我们在本书中所看到的，在神经网络处理之前进行数据预处理将会极大地提高我们工作的成功率。对于声音处理来说，从加载声音文件到在notebook中播放文件到可视化声音文件，再到任何的预处理工作，`librosa`库几乎包含了所有你期望的功能。

以可视化方式检查频谱不会告诉我们太多信息，但是给了我们一些暗示，即不同风格的音乐具有不同的频谱。我们将在下一个技巧中探讨网络是否能够学会分辨不同的音乐风格。

15.2 训练音乐风格检测器

问题

如何设置和训练一个用于检测音乐风格的深度神经网络？

解决方案

使用一维卷积神经网络。

在本书中，我们已经使用卷积神经网络进行了图像检测（参阅第 9 章）和文本处理（参阅第 7 章）。将频谱视为图像看似是很有逻辑的处理方法，但是实际上在本节中我们将使用一维卷积神经网络。频谱中的每一帧代表了音乐中的一帧。当我们试图对音乐风格进行分类时，使用卷积网络将时间段转换成更加抽象的表示是很有意义的——减少框架的"高度"并不明智。

首先，我们将一些层堆叠在一起。这会使输入的大小从 128 维减少到 25 维。然后，GlobalMaxPooling 层会将其送入一个 128 浮点的向量：

```
inputs = Input(input_shape)
x = inputs
for layers in range(3):
x = Conv1D(128, 3, activation='relu')(x)
x = BatchNormalization()(x)
x = MaxPooling1D(pool_size=6, strides=2)(x)
x = GlobalMaxPooling1D()(x)
```

接下来，是几个用于计算类型标签的全连接层：

```
for fc in range(2):
x = Dense(256, activation='relu')(x)
    x = Dropout(0.5)(x)

    outputs = Dense(10, activation='softmax')(x)
```

在将数据送入模型之前，我们把每首歌曲分为 10 个 3 秒钟长的片段。因为 1000 首歌这个数据量并不算很多，所以我们这样做的目的是为了增加数据量。

```
def split_10(x, y):
    s = x.shape
    s = (s[0] * 10, s[1] // 10, s[2])
    return x.reshape(s), np.repeat(y, 10, axis=0)

genres_one_hot = keras.utils.to_categorical(
    genres, num_classes=len(genre_to_idx))

x_train, x_test, y_train, y_test = train_test_split(
    np.array(song_specs), np.array(genres_one_hot),
    test_size=0.1, stratify=genres)

x_test, y_test = split_10(x_test, y_test)
x_train, y_train = split_10(x_train, y_train)
```

将全部数据迭代训练 100 次之后，模型的准确率大约是 60%，虽然这个结果也不错，但是还绝对无法超越人类的判断准确率。我们可以通过充分利用每首歌分割出来的 10 个片段以及各块之间的信息来提升检测结果。多数投票 (majority voting) 算法是一种应对策略，但是事实证明，选取模型最确定的一块效果会更好。我们可以将数据分为 100 块，并在每个块上面应用 argmax。这将使我们获得每一块在全部块中的索引。通过对其取模 10，我们可以将索引添加到标签集：

```
def unsplit(values):
    chunks = np.split(values, 100)
    return np.array([np.argmax(chunk) % 10 for chunk in chunks])

predictions = unsplit(model.predict(x_test))
truth = unsplit(y_test)
accuracy_score(predictions, truth)
```

上述方法可以将准确度提升至 75%。

讨论

我们没有太多的训练数据——10 个风格，每个风格里包含 100 首歌曲。把我们的歌曲分成 10 段，每段 3 秒，使得我们能够获得一个还算不错的结果，尽管模型最终还是有点过拟合。

有一件事情有待进一步探索，就是应用一些数据增强技术。我们可以试着在音乐中加入噪音，加快速度或者减慢速度，尽管频谱本身可能不会改变很多，但是手头的音乐数据集更大一些显然会更好。

15.3 对混淆情况进行可视化

问题

如何以一种清晰的方式展现网络出现的错误？

解决方案

混淆矩阵的列代表每种风格的真值，行则代表了模型预测的风格结果。每个单元包含不同风格的（真值，预测值）对。sklearn 有个简便的方法可以完成这个计算：

```
cm = confusion_matrix(pred_values, np.argmax(y_test, axis=1))
print(cm)

[[65 13  0  6  5  1  4  5  2  1]
 [13 54  1  3  4  0 20  1  0  9]
 [ 5  2 99  0  0  0 12 33  0  2]
 [ 0  0  0 74 29  1  8  0 18 10]
 [ 0  0  0  2 55  0  0  1  2  0]
 [ 1  0  0  1  0 95  0  0  0  6]
 [ 8 17  0  2  5  2 45  0  1  4]
 [ 4  4  0  1  2  0 10 60  1  4]
 [ 0  1  0  1  0  1  0  0 64  5]
 [ 4  9  0 10  0  0  1  0 12 59]]
```

我们可以通过填充矩阵来更清晰地可视化展现混淆结果。将矩阵转置，我们
可以看到每行的混淆情况，也使结果更容易理解一些：

```
plt.imshow(cm.T, interpolation='nearest', cmap='gray')
plt.xticks(np.arange(0, len(idx_to_genre)), idx_to_genre)
plt.yticks(np.arange(0, len(idx_to_genre)), idx_to_genre)

plt.show()
```

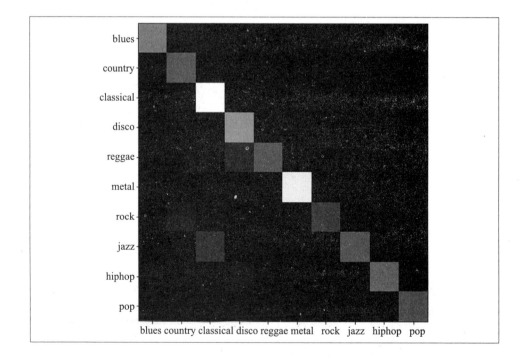

讨论

混淆矩阵是一种显示网络性能的简洁方法，它能够让你知道网络哪里出了错，进而指导我们如何改进性能。通过本技巧中的示例，我们可以看到神经网络能够很好地区分经典音乐、金属音乐和其他音乐，但是它却不能很好地区分摇滚乐和乡村音乐。当然，这一切也都在意料之中。

15.4 为已有的音乐编制索引

问题

你希望建立一个音乐片段的索引，并捕捉它们的风格。

解决方案

将模型最后的全连接层视为嵌入层。

在第 10 章中，我们通过将图像识别网络最后的全连接层作为图像的嵌入，建立了反向图像搜索引擎。我们可以对音乐做类似的处理。让我们从收集 MP3 开始——你很可能已经收集了不少 MP3，存储在电脑的某个地方：

```
MUSIC_ROOT = _</path/to/music>_
mp3s = []
for root, subdirs, files in os.walk(MUSIC_ROOT):
    for fn in files:
        if fn.endswith('.mp3'):
            mp3s.append(os.path.join(root, fn))
```

然后，我们对它们进行索引。和前面一样，我们获取梅尔频谱和 MP3 标签：

```
def process_mp3(path):
    tag = TinyTag.get(path)
    signal, sr = librosa.load(path,
                              res_type='kaiser_fast',
                              offset=30,
                              duration=30)
    melspec = librosa.feature.melspectrogram(signal, sr=sr).T[:1280,]
        if len(melspec) != 1280:
            return None
```

```
        return {'path': path,
                'melspecs': np.asarray(np.split(melspec, 10)),
                'tag': tag}

    songs = [process_mp3(path) for path in tqdm(mp3s)]
    songs = [song for song in songs if song]
```

我们想对所有 MP3 的每个频谱进行索引——如果将它们连接在一起,我们可以在一个批次完成:

```
inputs = []
for song in songs:
    inputs.extend(song['melspecs'])
inputs = np.array(inputs)
```

为获得向量表示,我们将建立一个模型,该模型从我们前面的模型中返回第4 层到最后一层,并在收集到的频谱上执行它:

```
cnn_model = load_model('zoo/15/song_classify.h5')
vectorize_model = Model(inputs=cnn_model.input,
                        outputs=cnn_model.layers[-4].output)
vectors = vectorize_model.predict(inputs)
```

一个简单的最近邻模型就可以让我们找到相似歌曲。给定一首歌,我们将查找该歌曲每个向量的最近邻向量。我们可以跳过第一个结果,因为它就是输入向量本身:

```
nbrs = NearestNeighbors(n_neighbors=10, algorithm='ball_tree').fit(vectors)
def most_similar_songs(song_idx):
    distances, indices = nbrs.kneighbors(
        vectors[song_idx * 10: song_idx * 10 + 10])
    c = Counter()
    for row in indices:
        for idx in row[1:]:
            c[idx // 10] += 1
    return c.most_common()
```

随机指定一首歌测试该模型,模型看起来可以正常工作:

```
song_idx = 7
print(songs[song_idx]['path'])

print('---')
for idx, score in most_similar_songs(song_idx)[:5]:
    print(songs[idx]['path'], score)
```

```
print('')

OO shocking blue - Venus (yes the.mp3
---
OO shocking blue - Venus (yes the.mp3 20
The Shocking Blue/Have A Nice Day_ Vol 1/OO Venus.mp3 12
The Byrds/OO Eve of Destruction.mp3 12
Goldfinger _ Weezer _ NoFx _ L/OO AWESOME.mp3 6
```

讨论

使用模型最后的全连接层为歌曲编制索引的效果相当不错。在本例中，不仅找到了该歌曲的原始版本，还找到了这首歌在 MP3 音乐集中略有变化的版本。另外返回的两首歌曲的风格是否真的相似，每个人都有自己的判断，但是它们并非完全不同。

这里的代码可以用作构建类似 Shazam 应用的基础——记录一段音乐，通过我们的向量量化器处理它，并查看它与哪个索引歌曲最匹配。相对于目前主流的深度学习算法，Shazam 使用的算法有些不同，它是较早期的算法。

通过学习一些音乐，并找到其他听起来相似的音乐，我们就具备了音乐推荐系统的基础。但是，该模型只适用于我们可以访问的音乐，这点限制了它的用途。在本章接下来几节中，我们将介绍构建音乐推荐系统的另一种方法。

15.5 设置 Spotify API

问题

如何访问大量音乐数据集？

解决方案

使用 Spotify API.

在上一节中，我们创建的系统是一种音乐推荐器，但是它只能推荐它已经访问过的歌曲。 通过从 Spotify API 收集播放列表和歌曲，我们可以构建更大的训练集。首先，让我们在 Spotify 上注册一个新的应用程序。请访问

https://beta.developer.spotify.com/dashboard/applications，
创建一个新的应用程序。

 上面给出的 URL 地址中带有"beta"一词。当你阅读本书的时候，
Spotify 上也许已经出现了 beta 版本之后的新的应用接口程序，
URL 地址可能会发生改变。

首先，你需要登录应用程序，登录前可能还需要进行注册。创建完 app 后，
访问 app 主页，记录 Client ID 和 Client Secret。因为 Client Secret 是保密的，
所以需要点击按钮才能查看。在三个常量中，输入你的详细信息：

```
CLIENT_ID = '<your client id>'
CLIENT_SECRET = '<your secret>'
USER_ID = '<your user id>'
```

现在，你可以访问 Spotify API 了：

```
uri = 'http://127.0.0.1:8000/callback'
token = util.prompt_for_user_token(USER_ID, '',
                                    client_id=CLIENT_ID,
                                    client_secret=CLIENT_SECRET,
                                    redirect_uri=uri)
session = spotipy.Spotify(auth=token)
```

当你第一次执行这段代码时，API 会要求你在浏览器中输入 URL 地址。在
notebook 中执行代码时，这有些困难——重定向的 URL 将会打印在 notebook
服务器的窗口中。不过，如果你按下浏览器中的 Stop 按钮，浏览器就会显示
出重定向的 URL。点击该 URL，它会重定向到以 *http://127.0.0.1* 开头的无法
解析的地址，但是这并不会有什么影响。在对话框中输入 notebook 中出现的
URL 地址并回车。你就可以获得授权了。

上述操作你只需要完成一次——获得的授权将会存储在本地名为 *.cache-
<username>* 的文件之中。如果授权出现任何问题，删除该文件并重复上述操
作即可。

讨论

Spotify API 是一个相当大的的音乐数据源。API 通过设计优良的 REST API

进行访问，该 REST API 具有定义良好的终结点，这些终结点可以返回自描述的 JSON 文档。

API 文档（*https://developer.spotify.com/web-api/*）包含了如何访问歌曲、艺术家、播放列表，以及专辑封面等元信息的资料。

15.6 从 Spotify 中收集播放列表和歌曲

问题

你需要为音乐推荐系统创建训练集。

解决方案

通过搜索常用词来查找播放列表，提取播放列表中的歌曲。

尽管 Spotify API 资源丰富，却并没有一种容易的方法来获得一组公共播放列表。不过，你可以通过单词来搜索它们。在本节中，我们将用它来获得一个播放列表。首先，我们从实现一个获取匹配搜索项的所有播放列表的函数开始。该段代码中唯一复杂的地方就是我们需要从超时和其他错误中恢复回来：

```
def find_playlists(session, w, max_count=5000):
    try:        res = session.search(w, limit=50, type='playlist')
        while res:
            for playlist in res['playlists']['items']:
                yield playlist
                max_count -= 1
                if max_count == 0:
                    raise StopIteration
            tries = 3
            while tries > 0:
                try:
                    res = session.next(res['playlists'])
                    tries = 0
                except SpotifyException as e:
                    tries -= 1
                    time.sleep(0.2)
                    if tries == 0:
                        raise
    except SpotifyException as e:
        status = e.http_status
```

```
        if status == 404:
            raise StopIteration
    raise
```

我们从 1 个单词 "a" 开始，获取 5000 个包含这个单词的播放列表。我们将记录上述所有的播放列表，并计算列表标题中所有单词出现的频次。这样，当我们完成单词 "a" 的播放列表后，我们可以针对列表中出现次数最多的单词执行同样的操作。重复上述步骤，直至我们获得足够多的播放列表：

```
while len(playlists) < 100000:
    for word, _ in word_counts.most_common():
        if not word in words_seen:
            words_seen.add(word)
            print('word>', word)
            for playlist in find_playlists(session, word):
                if playlist['id'] in playlists:
                    dupes += 1
                elif playlist['name'] and playlist['owner']:
                    playlists[playlist['id']] = {
                        'owner': playlist['owner']['id'],
                        'name': playlist['name'],
                        'id': playlist['id'],
                    }
                    count += 1
                    for token in tokenize(playlist['name'],
                                          lowercase=True):
                        word_counts[token] += 1
            break
```

由于我们获取的播放列表实际上并不包含歌曲，因此需要一个分离调用。想要获取一个播放列表的全部音轨，你可以使用如下方法：

```
def track_yielder(session, playlist):
    res = session.user_playlist_tracks(playlist['owner'], playlist['id'],
        fields='items(track(id, name, artists(name, id),
            duration_ms)),next')
    while res:
        for track in res['items']:
            yield track['track']['id']
            res = session.next(res)
            if not res or  not res.get('items'):
                raise StopIteration
```

获得大量的歌曲和播放列表会花费非常多的时间。如果想要获得一些尚可的结果，我们至少需要 100 000 个播放列表，但是，接近百万数量级的播放列表效果会更好。如果有一个不错的网络连接，获取 100 000 个播放列表及其歌曲需要大约 15 个小时，这是可行的。但是你并不希望一遍又一遍地重复该过程，所以最好把结果保存下来。

我们将存储三个数据集。第一个数据集包含播放列表本身的信息——事实上，在下一节中，我们并不需要这个数据集，但是将其存储下来以便于查找信息还是有必要的。然后，我们将把播放列表中的歌曲 ID 存储在一个大的文本文件中，这是第二个数据集。最后，我们将存储每首歌的歌曲信息。我们希望能够以动态方式查找这些详细信息，因此我们将使用 SQLite 数据库。为了保持内存使用的可控，我们将在收集歌曲信息的同时，保存结果：

```python
conn = sqlite3.connect('data/songs.db')
c = conn.cursor()
c.execute('CREATE TABLE songs '
          '(id text primary key, name text, artist text)')
c.execute('CREATE INDEX name_idx on songs(name)')

tracks_seen = set()
with open('data/playlists.ndjson', 'w') as fout_playlists:
    with open('data/songs_ids.txt', 'w') as fout_song_ids:
        for playlist in tqdm.tqdm(playlists.values()):
            fout_playlists.write(json.dumps(playlist) + '\n')
            track_ids = []
            for track in track_yielder(session, playlist):
                track_id = track['id']
                if not track_id:
                    continue
                if not track_id in tracks_seen:
                    c.execute("INSERT INTO songs VALUES (?, ?, ?)",
                              (track['id'], track['name'],
                               track['artists'][0]['name']))
                track_ids.append(track_id)
            fout_song_ids.write(' '.join(track_ids) + '\n')
            conn.commit()
conn.commit()
```

讨论

在本技巧中，我们学习了建立播放列表及其歌曲数据库。因为没有明确的方法可以从 Spotify 获得均衡的公开播放列表样本，所以我们的实现方法是使用搜索界面并尝试流行的关键词。事实证明这样做是可行的，我们所获得的数据集合几乎没有偏见。

一方面，我们从抓取的播放列表中获得流行的关键词。这的确给了我们与音乐有关的词语，但是也很容易加入我们已有的偏见。如果我们最后的播放列表中包含了过多的乡村音乐，那么我们的单词列表将会填满与乡村有关的单词，这反过来又会使我们获得更多的乡村音乐。

另一个偏见风险是，抓取包含流行词语的播放列表会带给我们流行歌曲。像"greatest"和"hits"这样的词语将会频繁出现，这会使我们得到很多精选集唱片（greatest hits），小众的专辑就较少有机会被我们选中。

15.7 训练音乐推荐系统

问题

你已经获得了大量的播放列表，但是如何使用它们来训练自己的音乐推荐系统呢？

解决方案

使用一个现成的 Word2vec 模型并将歌曲 ID 作为单词进行训练。

在第 3 章，我们学习了 Word2vec 模型如何将单词投影到具有良好特性的语义空间。相似的单词会投射到相同的区域，并且投影后单词间关系也是保持一致的。在第 4 章，我们使用嵌入技术建立一个电影推荐系统。在本节中，我们将两个方法结合在一起。我们使用现成可用的 Word2vec 模型，而不是训练自己的模型，并使用这些结果构建一个音乐推荐系统。

我们在第 3 章使用的 gensim 模块也可以训练模型。它所需要的就是一个产生标记的迭代器。这并不是十分困难，因为我们已经将播放列表存储为文件的行，每行包含以空格为间隔的歌曲 ID。

```
class WordSplitter(object):
    def __init__(self, filename):
        self.filename = filename

    def __iter__(self):
        with open(self.filename) as fin:
```

```
    for line in fin:
        yield line.split()
```

接着，训练模型就只需要一行操作：

```
model = gensim.models.Word2Vec(model_input, min_count=4)
```

这个操作将会花费一些时间，这取决于你在上一节中收集了多少歌曲和播放
列表。让我们存储模型，方便以后使用：

```
with open('zoo/15/songs.word2vec', 'wb') as fout:
    model.save(fout)
```

15.8 使用 Word2vec 模型推荐歌曲

问题

如何基于一个实例，使用模型预测歌曲？

解决方案

使用 Word2vec 距离和 SQLite3 歌曲数据库。

方案第一步，是在给定一个歌曲名字或部分名字的情况下，获得一组 song_
id。LIKE 操作符可以帮助我们得到匹配搜索模式的一组歌曲。但是，如今
的歌曲很难做到拥有独一无二的歌名。即便是同一位艺术家的同一首歌曲，
也有很多不同的版本。所以我们需要一些方法对它们进行评分。幸运的是，
我们可以使用模型的 vocab 属性——其记录中包含一个 count 属性。一首歌
曲在播放列表中出现的频率越高，它就越有可能是我们想要的歌曲（或者至
少是我们最了解的歌曲）：

```
conn = sqlite3.connect('data/songs.db')
def find_song(song_name, limit=10):
    c = conn.cursor()
    c.execute("SELECT * FROM songs WHERE UPPER(name) LIKE '%"
              + song_name + "%'")
    res = sorted((x + (model.wv.vocab[x[0]].count,)
                  for x in c.fetchall() if x[0] in model.wv.vocab),
                 key=itemgetter(-1), reverse=True)
    return [*res][:limit]
```

```
for t in find_song('the eye of the tiger'):
    print(*t)
```

```
2ZqGzZWWZXEyPxJy6N9QhG The eye of the tiger Chiara Mastroianni 39
4rrOol3zvLiEBmep7HaHtx The Eye Of The Tiger Survivor 37
OR85QWa6KRzB8p44XXE7ky The Eye of the Tiger Gloria Gaynor 29
3GxdO4rTwVfRvLRIZFXJVu The Eye of the Tiger Gloria Gaynor 19
1W6O2jfZkdAsbabmJEYfFi The Eye of the Tiger Gloria Gaynor 5
6g197iis9V2HP7gvc5ZpGy I Got the Eye of the Tiger Circus Roar 5
OOVQxzTLqwqBBEOBuCVeer The Eye Of The Tiger Gloria Gaynor 5
28FwycRDU81YOiGgIcxcPq The Eye of the Tiger Gloria Gaynor 5
62UagxK6LuPbqUmlygGjcU It's the Eye of the Tiger Be Cult 4
6lUHKc9qrIHvkknXIrBq6d The Eye Of The Tiger Survivor 4
```

现在我们可以选择真正想要的歌曲，在本例中，很可能是 Survivor 乐队的一首歌曲[注1]。让我们开始推荐歌曲，并让模型挑起重担：

```
similar = dict(model.most_similar([song_id]))
```

现在我们有了一个从歌曲 ID 到分数的查找表，可以轻松地将其扩展成为一个实际歌曲列表：

```
song_ids = ', '.join(("'%s'" % x) for x in similar.keys())
c.execute("SELECT * FROM songs WHERE id in (%s)" % song_ids)
res = sorted((rec + (similar[rec[0]],) for rec in c.fetchall()),
             key=itemgetter(-1),
             reverse=True)
```

"The Eye of the Tiger" 歌曲的输出结果如下：

```
Girls Just Wanna Have Fun Cyndi Lauper 0.9735351204872131
Enola Gay - Orchestral Manoeuvres In The Dark 0.9719518423080444
You're My Heart, You're My Soul Modern Talking 0.9589041471481323
Gold - 2003 Remastered Version Spandau Ballet 0.9566971659660339
Dolce Vita Ryan Paris 0.9553133249282837
Karma Chameleon - 2002 Remastered Version Culture Club 0.9531201720237732
Bette Davis Eyes Kim Carnes 0.9499865770339966
Walking On Sunshine Katrina & The Waves 0.9481900930404663Maneater
Daryl Hall & John Oates 0.9481032490730286
Don't You Want Me The Human League 0.9471924901008606
```

上述结果看起来像是一个很不错的 20 世纪 80 年代节奏欢快音乐的集合。

注1：　Eye of the Tiger 是 Survivor 乐队在 1982 年为电影《洛奇 3》创作的主题曲。——译注

讨论

使用 Word2vec 模型是创建歌曲推荐系统的一个有效方法。在本技巧中,我们使用了 gensim 中的一个现成模型,而不是像第 4 章那样训练我们自己的模型。虽然我们对模型的调整不多,但是它的效果很好,因为句子中的单词和播放列表中的单词基本上是可比拟的。

Word2vec 通过尝试从上下文中预测单词来工作。这个预测会产生嵌入,使得相似的词语彼此靠近。在播放列表中对歌曲运行相同的过程意味着试图根据播放列表中的歌曲上下文预测歌曲。相似的歌曲在歌曲空间中彼此接近。

使用 Word2vec 模型,我们可以发现单词之间的关系也是有意义的。区分 "queen" 和 "princess" 的向量和区分 "king" 和 "prince" 的向量是相似的。有趣的是,我们可以是看看对于歌曲是否有类似的事情——滚石乐队的歌曲 "Paint It Black" 的披头士版本是怎样的呢?然而,这将要求我们以某种方式将艺术家也投射到同一个空间。

第 16 章

生产化部署机器学习系统

建立和训练模型是一回事，在生产系统中部署你的模型则是另一回事，并且十分困难且经常被忽略。在 Python notebook 中运行代码当然也不错，但这不是一种为 Web 客户服务的好方法。在本章中，我们将讨论如何真正地部署和运行模型。

首先，我们从嵌入开始。嵌入在本书的很多技巧中都发挥了重要的作用。在第 3 章中，我们看到了使用词嵌入能够做的一些有趣事情，比如通过最近邻寻找相似单词，或者通过加、减嵌入向量寻找相似事物。在第 4 章中，我们使用维基百科文章嵌入建立了一个简单的电影推荐系统。在第 10 章中，我们看到如何将预训练的图像分类网络最后一层的输出作为输入图像的嵌入，并使用该嵌入构建反向图像搜索服务。

通过这些实例我们发现，现实情况中最后的输出常常是某些实体的嵌入，我们想要的是从一个成品品质的应用程序中查询这些实体。也就是说，我们拥有一组图像/文本/单词，以及一个算法，该算法在高维空间中为每个实体产生一个对应向量。对于一个具体的应用，我们希望能够在这个空间上进行查询。

我们将从简单的方法开始：建立一个最近邻模型并将它存储到磁盘上，这样我们就可以在需要时载入它。然后，我们将研究如何使用 Postgres 实现相同的目的。

我们也将探索如何使用微服务发布机器学习模型，我们将使用 Flask 作为 Web

服务器，并使用 Keras 的模型存储和载入功能。

本章的代码可从以下 Python notebook 中找到：

```
16.1 Simple Text Generation1
16.2 Prepare Keras Model for TensorFlow Serving
16.3 Prepare Model for iOS
```

16.1 使用 scikit-learn 最近邻计算嵌入

问题

如何快速地从嵌入模型中获取最接近的匹配？

解决方案

使用 scikit-learn 的最近邻算法，并将模型存为文件。在第 4 章中，我们创建了电影预测模型，接下来我们将在第 4 章代码的基础上继续工作。执行完所有代码之后，我们对值进行归一化处理，然后拟合最近邻模型：

```
movie = model.get_layer('movie_embedding')
movie_weights = movie.get_weights()[0]
movie_lengths = np.linalg.norm(movie_weights, axis=1)
normalized_movies = (movie_weights.T / movie_lengths).T
nbrs = NearestNeighbors(n_neighbors=10, algorithm='ball_tree').fit(
    normalized_movies)
with open('data/movie_model.pkl', 'wb') as fout:
    pickle.dump({
        'nbrs': nbrs,
        'normalized_movies': normalized_movies,
        'movie_to_idx': movie_to_idx
    }, fout)
```

我们可以使用下面的代码再次载入模型：

```
with open('data/movie_model.pkl', 'rb') as fin:
    m = pickle.load(fin)
movie_names = [x[0] for x in sorted(movie_to_idx.items(),
                key=lambda t:t[1])]
distances, indices = m['nbrs'].kneighbors(
    [m['normalized_movies'][m['movie_to_idx']['Rogue One']]])
for idx in indices[0]:
    print(movie_names[idx])
```

```
Rogue One
Prometheus (2012 film)
Star Wars: The Force Awakens
Rise of the Planet of the Apes
Star Wars sequel trilogy
Man of Steel (film)
Interstellar (film)
Superman Returns
The Dark Knight Trilogy
Jurassic World
```

讨论

将机器学习模型生产化最简单的方法是在训练之后将模型存储在磁盘上，在需要的时候再将模型载入。所有的主流机器学习框架都支持这一点，包括我们本书中一直使用的 Keras 和 scikit-learn。

如果你能控制好内存管理，那么这个方案就很不错。但是在成熟的 Web 系统中，情况通常并不是这样，当 Web 请求到来时，你不得不在内存中加载一个较大的模型，而此时就会非常明显地感受到延迟的影响。

16.2 使用 Postgres 存储嵌入

问题

你希望使用 Postgres 来存储嵌入。

解决方案

使用 Postgres Cube 扩展。

Cube 扩展可以帮助我们处理高维数据，但首先需要激活它。

```
CREATE EXTENSION cube;
```

激活之后，我们可以创建表和对应的索引。为了使其也可以在电影名称上进行搜索，我们将在 `movie_name` 字段上创建一个文本索引。

```
DROP TABLE IF EXISTS movie;
CREATE TABLE movie (
```

```
                    movie_name TEXT PRIMARY KEY,'
                    embedding FLOAT[] NOT NULL DEFAULT '{}');
    CREATE INDEX movie_embedding ON movie USING gin(embedding);
    CREATE INDEX movie_movie_name_pattern
        ON movie USING btree(lower(movie_name) text_pattern_ops);
```

讨论

Postgres 是一个免费数据库，其功能十分强大，因为它有大量的扩展模块可供使用。Cube 模块就是这些模块之一。正如其名称所暗示的，Cube起初只能处理 3 维数据，但是现在它已经将索引数组拓展至了 100 维以上。

Postgres 拥有很多扩展模块，对于任何需要处理大量数据的人来说，这些模块都很值得探索。特别是在进行原型开发时，其在典型的 SQL 表结构中以数组和 JSON 文档的格式存储弱结构化数据（less-structured data）的能力可以派上用场。

16.3 填充和查询 Postgres 存储的嵌入

问题

可以在 Postgres 中存储模型和查询结果吗？

解决方案

在 Python 中使用 **psycopg2** 连接 Postgres 数据库。

给定一组用户名 / 密码 / 数据库 / 主机的组合，使用 Python 就可以非常轻松地连接至 Postgres：

```
connection_str = "dbname='%s' user='%s' password='%s' host='%s'"
conn = psycopg2.connect(connection_str % (DB_NAME, USER, PWD, HOST))
```

除了需要将 **numpy** 数组转换为 Python 列表外，在 Python 中插入前面建立的模型与任何其他的 SQL 语句操作十分相似。

```
with conn.cursor() as cursor:
```

```
        for movie, embedding in zip(movies, normalized_movies):
            cursor.execute('INSERT INTO movie (movie_name, embedding)'
                           ' VALUES (%s, %s)',
                        (movie[0], embedding.tolist()))
    conn.commit()
```

完成上述操作之后，我们可以查询这些数值。在本例中，我们选取了一个电影名称（或者部分名称），查找与之最匹配的电影，并返回一些相似的电影：

```
def recommend_movies(conn, q):
    with conn.cursor() as cursor:
        cursor.execute('SELECT movie_name, embedding FROM movie'
                       '    WHERE lower(movie_name) LIKE %s'
                       '    LIMIT 1',
                    ('%' + q.lower() + '%',))
        if cursor.rowcount == 0:
            return []
        movie_name, embedding = cursor.fetchone()
        cursor.execute('SELECT movie_name, '
                       '    cube_distance(cube(embedding), '
                       '        cube(%s)) as distance '
                       '    FROM movie'
                       '    ORDER BY distance'
                       '    LIMIT 5',
                    (embedding,))
        return list(cursor.fetchall())
```

讨论

将嵌入模型存储在 Postgres 数据库中可以允许我们直接进行查询，而不需要对每次请求重新加载模型。因此，当我们想在 Web 服务器上使用这一模型时，这当然是一个很好的解决方案，尤其是当我们的 Web 是基于 Postgres 建立的时候。

在数据库服务器上执行模型或模型结果有一个附加优势，那就是你可以无缝地融合各种排名组件。我们可以轻松扩展本节中的代码，以便于将电影的烂番茄排名囊括进来，并基于此更好地筛选返回的电影。但是，如果排名和相似性差距来自不同的数据源，那么我们就不得不手动执行内存连接或者返回不完整的结果。

16.4 在 Postgres 中存储高维模型

问题

如何在 Postgres 中存储超过 100 维的模型？

解决方案

使用降维技术。

比方说，我们要将第 3 章中使用过的 Google 预训练模型 Word2vec 加载到 Postgres 中。由于 Postgres 的 **cube** 扩展（见 16.2 节）限制了索引的维数为 100，我们需要做一些调整以适应这一点。使用奇异值分解（SVD）减少维数是一个不错的选择——我们在 10.4 节提到过 SVD 技术。让我们使用前面的方法载入 Word2vec 模型：

```
model = gensim.models.KeyedVectors.load_word2vec_format(
    MODEL, binary=True)
```

每个单词所对应的归一化向量存储在 **syn0norm** 属性之中，我们可以在这个属性上执行 SVD。这会花费一些时间：

```
svd = TruncatedSVD(n_components=100, random_state=42,
                   n_iter=40)
reduced = svd.fit_transform(model.syn0norm)
```

我们需要再次对这些向量进行归一化：

```
reduced_lengths = np.linalg.norm(reduced, axis=1)
normalized_reduced = reduced.T / reduced_lengths).T
```

现在，我们来看看相似性：

```
def most_similar(norm, positive):
    vec = norm[model.vocab[positive].index]
    dists = np.dot(norm, vec)
    most_extreme = np.argpartition(-dists, 10)[:10]
     res = ((model.index2word[idx], dists[idx]) for idx in most_
extreme)
    return list(sorted(res, key=lambda t:t[1], reverse=True))
for word, score in most_similar(normalized_reduced, 'espresso'):
```

```
    print(word, score)

espresso 1.0
cappuccino 0.856463080029
chai_latte 0.835657488972
latte 0.800340435865
macchiato 0.798796776324
espresso_machine 0.791469456128
Lavazza_coffee 0.790783985201
mocha 0.788645681469
espressos 0.78424218748
martini 0.784037414689
```

结果看起来还比较合理，但它们与 espresso 并不十分相同。最后一个条目 martini 出现在一份含咖啡因的提神饮品清单中，让人有点出乎意料。

讨论

Postgres 的 cube 扩展非常好，但是需要说明的是它只能在向量元素数量不多于 100 个时才能工作。说明文档帮忙解释了这一限制："为了防止大家搞砸事情，把 cube 的维度限制在了 100 以内。"绕开该限制的一种方法是重新编译 Postgres，如果你可以直接控制安装过程，这是可选方法之一。如果采用该方法，当新版本数据库出现时，你还需要持续这么做。

使用 TruncatedSVD 类可以轻松实现在向量插入数据库之前进行降维。在本节中，我们使用了 Word2vec 数据集中的全部单词，这会导致损失一些精确度。如果我们不只减小输出的维度，还减少向量的数目，那么效果会更好一些。这种情况下，SVD 可以找到我们所提供数据（而不是全部数据）的重要维度。这甚至可以帮助我们实现少许泛化并稍微掩盖原始数据的部分缺失。

16.5 使用 Python 编写微服务

问题

你希望编写和部署一个简单的 Python 微服务。

解决方案

使用 Flask 建立一个迷你的文本应用，基于 REST 请求返回 JSON 文档。

首先，我们需要一个 Flask Web 服务器：

```
app = Flask(__name__)
```

然后，定义我们希望提供的服务。在本示例中，我们将输入一幅图像，返回图像的尺寸。我们希望图像是 POST 请求的一部分。如果没有收到 POST 请求，我们会返回一个简单的 HTML 表格，以便于在没有客户端的情况下测试服务。@app.route 装饰器说明 return_size 可以在根目录中处理任何的请求，它同时支持 GET 和 POST 方法：

```
@app.route('/', methods=['GET', 'POST'])
def return_size():
  if request.method == 'POST':
    file = request.files['file']
    if file:
      image = Image.open(file)
      width, height = image.size
      return jsonify(results={'width': width, 'height': height})
  return '''
<h1>Upload new File</h1>
<form action="" method=post enctype=multipart/form-data>
  <p><input type=file name=file>
     <input type=submit value=Upload>
</form>
'''
```

现在，我们所要做的就是在一个端口上运行服务器：

```
app.run(port=5050, host='0.0.0.0')
```

讨论

REST 最初是一个成熟的资源管理框架，将 URL 分配给系统中的所有资源，然后让客户端使用从 PUT 到 DELETE 的所有 HTTP 谓词进行交互。像很多其他 API 一样，在这个示例中，我们放弃所有这些谓词，只在处理程序上定义了一个 GET 方法，该方法触发 API 并返回 JSON 文档。

当然，我们在这里开发的服务其实是很微不足道的——用一个微服务来获取图像的大小可能离我们原始的想法有点远。在下一节中，我们将探讨如何使用这种方法来获取前面已开发的机器学习模型的结果。

16.6 使用微服务部署 Keras 模型

问题

你希望部署一个 Keras 模型作为独立的服务。

解决方案

扩展你的 Flask 服务器，将请求转发给预先训练好的 Keras 模型。本节建立在第 10 章的基础之上，第 10 章我们从维基百科下载了数千张图像，将它们送入了 1 个预先训练好的图像识别网络，为每个图像返回了 1 个 2048 维的向量。给定一个向量，我们将在这些向量上拟合最近邻模型，以至于我们可以快速找到最相似的图像。第一步是加载选择的图像名称和最近邻模型，实例化预先训练好的模型用于图像识别。

```
with open('data/image_similarity.pck', 'rb') as fin:
    p = pickle.load(fin)
    image_names = p['image_names']
    nbrs = p['nbrs']
base_model = InceptionV3(weights='imagenet', include_top=True)
model = Model(inputs=base_model.input,
            outputs=base_model.get_layer('avg_pool').output)
```

我们现在可以通过修改 `if file：` 后面的一些代码来改变处理进来的图像的方法。我们将重新调整图像的尺寸到模型的目标尺寸，归一化数据，返回预测值，找到最近邻的图像：

```
img = Image.open(file)
target_size = int(max(model.input.shape[1:]))
img = img.resize((target_size, target_size), Image.ANTIALIAS)
pre_processed = preprocess_input(
    np.asarray([image.img_to_array(img)]))
vec = model.predict(pre_processed)
distances, indices = nbrs.kneighbors(vec)
res = [{'distance': dist,
        'image_name': image_names[idx]}
        for dist, idx in zip(distances[0], indices[0])]
return jsonify(results=res)
```

送入一个猫的图像，你会从维基百科采集的图像中看到大量猫的图像——其中包含了一张小孩玩家庭电脑的照片。

讨论

通过在启动时加载模型，然后在图像到来时送入模型，如果我们使用本节第一个技巧中的方法将会减少延迟。我们尝试将预先训练好的图像识别网络和最近邻分类器这两个模型有效地链接在一起，并将它们组合起来作为一个服务。

16.7 从 Web 框架中调用微服务

问题

你希望从 Django 调用微服务。

解决方案

在处理 Django 的请求时，使用 requests 调用微服务。使用下面的代码可以做到这一点：

```
def simple_view(request):
    d = {}
    update_date(request, d)
    if request.FILES.get('painting'):
        data = request.FILES['painting'].read()
        files = {'file': data}
        reply = requests.post('http://localhost:5050',
                                files=files).json()
        res = reply['results']
        if res:
            d['most_similar'] = res[0]['image_name']
    return render(request, 'template_path/template.html', d)
```

讨论

上面的代码来自于 Django 的请求处理模块，即使使用基于不同于 Python 的其他语言，在其他 Web 框架中该模块的写法也十分类似。

关键是我们将 Web 框架的 session 管理和微服务的 session 管理相分离。我们知道在任何时候这种方式都只有一个模型实例，这将使延迟和内存使用是可预测的。

`requests` 是一个用于处理 HTTP 调用的简单模块。不过，它不支持异步调用。虽然在这一节的代码中，这并不重要，但是如果我们需要调用多个服务，我们希望并行地调用。对此有许多选择，但它们都属于这样的模式，即我们在请求开始时向后端发起调用，处理我们所需的部分，然后，当我们需要结果时，等待未处理完的请求结果。这是使用 Python 构建高性能系统的一种配置。

16.8 Tensorflow seq2seq 模型

问题

如何将一个 seq2seq 聊天模型生产化部署？

解决方案

使用输出捕捉挂钩（Hook）执行 TensorFlow 会话。

Google 发布的 seq2seq 模型是一个快速训练 Sequence-to-Sequence 模型的非常好的方法，但是开箱可用的功能在其推理阶段只能使用 stdin 和 stdout。完全可以从我们的微服务调用此模块，但是这意味着每次调用将会出现加载模型的延迟。

好一些的方法是手工实例化该模型，使用挂钩捕捉模型输出。第一步是从检查点目录重新实例化该模型。我们需要加载模型和模型的配置。将模型送入 `source_tokens`（例如 the chat prompt），因为要使用交换模式，我们设置批尺寸为 1：

```
checkpoint_path = tf.train.latest_checkpoint(model_path)
train_options = training_utils.TrainOptions.load(model_path)
model_cls = locate(train_options.model_class) or \
  getattr(models, train_options.model_class)
model_params = train_options.model_params
model = model_cls(
    params=model_params,
    mode=tf.contrib.learn.ModeKeys.INFER)
source_tokens_ph = tf.placeholder(dtype=tf.string, shape=(1, None))
source_len_ph = tf.placeholder(dtype=tf.int32, shape=(1,))
```

```
model(
    features={
        "source_tokens": source_tokens_ph,
        "source_len": source_len_ph
    },
    labels=None,
    params={
    }
)
```

下一步是建立 TensorFlow 会话，以便将数据传入模型。这完全是一个模板文件（这使我们更加欣赏 Keras 这样的框架）：

```
saver = tf.train.Saver()
def _session_init_op(_scaffold, sess):
    saver.restore(sess, checkpoint_path)
    tf.logging.info("Restored model from %s", checkpoint_path)
scaffold = tf.train.Scaffold(init_fn=_session_init_op)
session_creator = tf.train.ChiefSessionCreator(scaffold=scaffold)
sess = tf.train.MonitoredSession(
    session_creator=session_creator,
    hooks=[DecodeOnce({}, callback_func=_save_prediction_to_dict)])
return sess, source_tokens_ph, source_len_pht
```

我们现在已经为 TensorFlow 会话配置了一个挂钩用于解码，它是一个实现了推理任务基本功能的类，当使用时，调用提供的回调函数来返回实际结果。

在 *seq2seq_server.py* 中，我们使用以下代码处理 HTTP 请求：

```
@app.route('/', methods=['GET'])def handle_request():
    input = request.args.get('input', '')
    if input:
    tf.reset_default_graph()
    source_tokens = input.split() + ["SEQUENCE_END"]
    session.run([], {
        source_tokens_ph: [source_tokens],
        source_len_ph: [len(source_tokens)]
      })
    return prediction_dict.pop(_tokens_to_str(source_tokens))
```

这将允许我们在一个简单的 Web 服务器上处理 seq2seq 调用。

讨论

本例中我们将数据送入 seq2seq 的方式虽然不是很完美，但是却非常有效，在性能上比使用 stdin 和 stdout 好很多。希望这个函数库将来的版本会为我们提供更好的使用模型的方法，而不是我们现在这样不得已的方式。

16.9 在浏览器中执行深度学习模型

问题

在没有服务器的情况下，如何运行一个深度学习 Web 应用？

解决方案

使用 Keras.js 在浏览器中运行模型。

在浏览器中运行深度学习模型听起来很疯狂。深度学习需要大量的处理能力，而且我们都知道 JavaScript 执行很慢。但是，需要指出的是在 GPU 加速的情况下，你可以在浏览器中以一个比较好的速度运行深度学习模型。Keras.js（*https://transcranial.github.io/keras-js/#*）有一个工具可以将 Keras 模型转换为可以与 JavaScript 环境兼容的程序，它使用 WebGL 让 GPU 帮助实现这一点。这在工程上有一点惊人，但确实拥有非常吸引人的示例。让我们在一个模型上尝试一下。

notebook 16.1 `Simple Text Generation` 来自于 Keras 的示例目录，它基于尼采的作品训练一个简单的文本生成模型。训练后，我们存储这个模型：

```
model.save('keras_js/nietzsche.h5')
with open('keras_js/chars.js', 'w') as fout:
    fout.write('maxlen = ' + str(maxlen) + '\n')
    fout.write('num_chars = ' + str(len(chars)) + '\n')
    fout.write('char_indices = ' + json.dumps(char_indices, indent=2) + '\n')
    fout.write('indices_char = ' + json.dumps(indices_char, indent=2) + '\n')
```

现在我们需要将 Keras 模型转换为 Keras.js 格式。首先使用下面命令获得转换代码：

```
git clone https://github.com/transcranial/keras-js.git
```

现在打开一个 shell，在存储模型的目录执行以下命令：

```
python <git-root>/keras-js/python/encoder.py nietzsche.h5
```

这会为你生成一个 *nietzsche.bin* 文件。

下一步是在 web 页面上使用这个文件。

我们将在 *nietzsche.html* 文件中实现这些，你可以在 deep_learning_cookbook 的 Keras_js 目录找到这个文件。它从加载 Keras.js 库和我们已经存储的变量开始：

```
<script src="https://unpkg.com/keras-js"></script>
<script src="chars.js"></script>
```

在底部，我们有一个简单的 HTML 页面，允许用户输入一些文本，然后点击按钮来执行模型，以 Nietzschean 的方式扩展这一文本。

```
<textarea cols="60" rows="4" id="textArea">
   i am all for progress, it is
</textarea><br/>
<button onclick="runModel(250)" disabled id="buttonGo">Go!</button>
```

现在让我们加载模型，工作时，启用当前被禁用的 **buttonGO** 按钮：

```
const model = new KerasJS.Model({
    filepath: 'sayings.bin',
    gpu: true
  })

  model.ready().then(() => {
    document.getElementById("buttonGo").disabled = false
  })
```

在 **runModel** 中，我们首先需要使用前面导入的 **char_indices** 对文本进行独热编码：

```
function encode(st) {
  var x = new Float32Array(num_chars * st.length);
  for(var i = 0; i < st.length; i++) {
    idx = char_indices[ch = st[i]];
    x[idx + i * num_chars] = 1;
  }
  return x;
};
```

我们现在运行模型：

```
return model.predict(inputData).then(outputData => {
  ...
  ...
})
```

输出的数据变量中包含了我们字典中每个字符的概率分布。最简单的办法就是选择概率最高的字符。

```
var maxIdx = -1;
  var maxVal = 0.0;
  for (var idx = 0; idx < output.length; idx ++) {
    if (output[idx] > maxVal) {
      maxVal = output[idx];
      maxIdx = idx;
    }
  }
```

我们现在将字符与已有的字符加在一起，再次执行相同操作：

```
var nextChar = indices_char["" + maxIdx];
  document.getElementById("textArea").value += nextChar;
  if (steps > 0) {
    runModel(steps - 1);
  }
```

讨论

能够在浏览器中直接运行模型为生产化部署创造了全新的可能。这意味着你不需要服务器就可以做实际的计算，在 WebGL 的帮助下你甚至可以免费获得 GPU 加速。在 *https://transcranial.github.io/keras-js* 查看这个有趣的演示。

这种方法有一些局限。为了使用 GPU，Keras.js 使用了 WebGL 2.0。当前并不是所有的浏览器都支持 WebGL 2.0。然而，张量被编码为 WebGL 纹理，它在大小上受到一定的限制。具体的限制取决于你的浏览器和硬件。当然可以退回去只用 CPU，但是这意味着在纯 JavaScript 中运行。

第二个局限就是模型的大小。生产系统质量的模型一般都有几十兆字节的大小，在服务器上一次加载时这不是什么问题，但是当需要发送到客户端时就会遇到麻烦。

encoder.py 脚本有一个称为 `--quantize` 的标记，它将用 8-bit 整数编码模型的权重。这会将模型的大小减少 75%，但是这意味着会降低精确率，可能会损害预测的准确度。

16.10 使用 TensorFlow 服务执行 Keras 模型

问题

如何使用 Google 最先进的服务器执行 Keras 模型。

解决方案

转换模型并调用 TensorFlow Serving 工具包来输出模型规范，以便可以使用 TensorFlow Serving 运行它。

TensorFlow Serving 是 TensorFlow 平台的一部分，根据 Google 介绍，它是一个为生产环节设计的、灵活的、高性能的机器学习模型服务系统。

以与 TensorFlow Serving 协同工作的方式输出一个 TensorFlow 模型是十分复杂的。Keras 模型甚至需要更大的修改以使其正常工作。原则上，任何模型都可以使用，只要该模型只有一个输入和一个输出——这是来自 TensorFlow Serving 的一个限制。另一个限制是 TensorFlow Serving 只支持 Python 2.7。

需要做的第一件事情就是重新创建这个仅用于测试的模型。在训练和测试阶段，模型的行为会不相同。例如，训练阶段 Dropout 层只会随机去除一些神经元，但在测试阶段，则会使用所有神经元。Keras 对用户隐藏了这些，将学习阶段作为额外变量传递。如果你看到报错指出你的输入中缺少了什么，很可能是这个错误。我们将学习阶段设置为 0 (false)，并从我们的字符 CNN 模型中提取配置和权重：

```
K.set_learning_phase(0)
char_cnn = load_model('zoo/07.2 char_cnn_model.h5')
config = char_cnn.get_config()
if not 'config' in config:
    config = {'config': config,
              'class_name': 'Model'}
```

```
weights = char_cnn.get_weights()
```

现在，在模型上执行一个预测可能非常有用，因此我们稍后可以看到它仍然可以工作：

```
tweet = ("There's a house centipede in my closet and "
         "since Ryan isn't here I have to kill it....")
encoded = np.zeros((1, max_sequence_len, len(char_to_idx)))
for idx, ch in enumerate(tweet):
    encoded[0, idx, char_to_idx[ch]] = 1

res = char_cnn.predict(encoded)
emojis[np.argmax(res)]

u'\ude03'
```

我们接着使用下面的代码重构模型：

```
new_model = model_from_config(config)
new_model.set_weights(weights)
```

为运行模型，我们需要为 TensorFlow Serving 提供输入和输出规范：

```
input_info = utils.build_tensor_info(new_model.inputs[0])
output_info = utils.build_tensor_info(new_model.outputs[0])
prediction_signature = signature_def_utils.build_signature_def(
        inputs={'input': input_info},
        outputs={'output': output_info},
        method_name=signature_constants.PREDICT_METHOD_NAME)
```

我们接着建立 build 对象，用于定义处理模块并写出定义：

```
outpath = 'zoo/07.2 char_cnn_model.tf_model/1'
shutil.rmtree(outpath)

legacy_init_op = tf.group(tf.tables_initializer(), name='legacy_init_op')
builder = tf.saved_model.builder.SavedModelBuilder(outpath)
builder.add_meta_graph_and_variables(
    sess, [tf.saved_model.tag_constants.SERVING],
    signature_def_map={
        'emoji_suggest': prediction_signature,
    },
    legacy_init_op=legacy_init_op)
builder.save()
```

现在，使用下面的命令运行服务器：

```
tensorflow_model_server \
    --model_base_path="char_cnn_model.tf_model/" \
    --model_name="char_cnn_model"
```

你可以直接从 Google 下载二进制文件，或者用源代码生成它——详细信息请
参阅安装指南（*https://www.tensorflow.org/serving/setup*）。

让我们看一下是否可以从 Python 调用模型。我们将实例化一个预测请求，使
用 grpc 执行一次调用：

```
request = predict_pb2.PredictRequest()
request.model_spec.name = 'char_cnn_model'
request.model_spec.signature_name = 'emoji_suggest'
request.inputs['input'].CopyFrom(tf.contrib.util.make_tensor_proto(
    encoded.astype('float32'), shape=[1, max_sequence_len, len(char_to_idx)]))

channel = implementations.insecure_channel('localhost', 8500)
stub = prediction_service_pb2.beta_create_PredictionService_stub(channel)
result = stub.Predict(request, 5)
```

得到实际预测的表情符号（emojis）：

```
response = np.array(result.outputs['output'].float_val)
prediction = np.argmax(response)
emojis[prediction]
```

讨论

TensorFlow Serving 是 Google 使模型产品化的一种方式，但是与创建定制的
Flask 服务器并且自己处理输入和输出相比，将它与 Keras 模型一起使用有点复杂。

不过，它确实有优势。首先，由于不是自定义，这些服务器的行为都是相同
的。此外，它是一个支持版本控制的工业级服务器，可以直接从许多云提供
商加载模型。

16.11 在 iOS 中使用 Keras 模型

问题

你想在 iOS 的移动应用程序上使用桌面计算机训练的模型。

解决方案

使用 CoreML 转换模型，直接通过 Swift 与其对话。

 本技巧将介绍如何在 iOS 上构建一个 app，因此你需要一个 Mac 计算机，并安装有 Xcode 用于运行本例。而且，因为本例需要使用摄像头做检测，因此你也需要一个带摄像头的 iOS 设备进行试验。

需要做的第一件事情就是转换模型。不幸的是，苹果的代码仅支持 Python2.7，而且对于支持最新版的 Tensor Flow 和 Keras 也有些滞后，因此我们将设置具体的版本。打开一个 Shell 根据正确的要求安装 Python2.7，输入如下：

```
virtualenv venv2
source venv2/bin/activate
pip install coremltools
pip install h5py
pip install keras==2.0.6
pip install tensorflow==1.2.1
```

然后，启动 Python 并输入如下代码：

```
from keras.models import load_model
import coremltools
```

加载前面存储的模型和标签：

```
keras_model = load_model('zoo/09.3 retrained pet recognizer.h5')
class_labels = json.load(open('zoo/09.3 pet_labels.json'))
```

然后，执行模型转换：

```
coreml_model = coremltools.converters.keras.convert(
    keras_model,
    image_input_names="input_1",
    class_labels=class_labels,
    image_scale=1/255.)
coreml_model.save('zoo/PetRecognizer.mlmodel')
```

 你可以跳过此步骤，使用 zoo 目录下的 *.mlmodel* 文件。

现在启动 Xcode，建立一个项目，将 PetRecognizer.mlmodel 文件拖入项目。Xcode 自动导入模型并让其可调用。让我们认识一下这些宠物。

在苹果公司网站（*https://apple.co/2HPUHOW*）上，有一个使用标准图像识别网络的示例项目。下载这个项目，解压缩它，然后用 Xcode 打开它。

在项目概述中，你应该看到一个名为 MobileNet.mlmodel 的文件。删除它，然后拖拽 PetRecognizer.mlmodel 文件到 MobileNet.mlmodel 所在的位置。现在打开 ImageClassificationViewController.swift 并用 PetRecognizer 来替换 MobileNet。

有了新的模型和输出类，现在你可以像以前一样运行应用了。

讨论

如果我们使用苹果 SDK 自带的例子，使用 iOS 应用程序中的 Keras 模型是非常简单的。虽然这项技术很新，但是并没有很多与苹果完全不同的例子。然而，CoreML 只在苹果操作系统上工作，且只能在 iOS 11 或更高版本，或者 macOS 10.13 或更高版本上工作。

作者介绍

Douwe Osinga 曾供职于 Google，是一位经验丰富的工程师、环球旅行者和三个初创企业的创始人。他的流行软件项目网站（https://douweosinga.com/projects）包括了机器学习在内的多个有趣的领域。

封面介绍

本书封面上的动物是一只潜鸟，或称北美食鱼大鸟（学名：普通潜鸟），在美国北部和加拿大的偏远淡水湖泊附近，以及格陵兰岛的南部地区、冰岛、挪威和阿拉斯加可以看到这种鸟类。

在夏季繁殖季节，成年潜鸟的羽毛呈现出高贵的气质。它的头部和颈部是黑色的，带有彩虹般的光泽，背部是黑色和白色斑点，胸部为白色。在冬季和迁徙过程中，潜鸟的背部羽毛变成浅灰色，喉咙羽毛是白色的。潜鸟是季节性的一夫一妻制，在繁殖季节成对在一起，在冬季迁徙时分开。雌性潜鸟每年产两粒卵。幼鸟在孵化后 1～2 天离开巢穴，在 10～11 周能够飞行。

潜鸟蹼状的脚长在身体靠后的地方，因此是强大的游泳者，但是这种遗传性的变异阻碍了它在陆地上的活动。在几乎没有溅起水花的情况下，它就可以滑到水面下觅食。它的食物主要是小鱼，偶尔有甲壳动物或青蛙。它在觅食时单独行动，在夜间则聚集成群。

潜鸟是北美荒野的象征，它的叫声是北方森林初夏的一种典型声音。

O'Reilly 封面上的许多动物都已濒临灭绝，但它们对世界来说都很重要。如果你想要了解如何帮助他们，请访问 animals.oreilly.com。

本书封面图片来自《英国鸟类》。

推荐阅读

TensorFlow学习指南：深度学习系统构建详解

作者：Tom Hope ISBN：978-7-111-60072-5 定价：69.00元

机器学习实战：基于Scikit-Learn和TensorFlow

作者：Auré lien Gé ron 等 ISBN：978-7-111-60302-3 定价：119.00元

客户驱动的产品开发

作者：Travis Lowdermilk ,Jessica Rich ISBN：978-7-111-60442-6 定价：69.00元

解密金融数据

作者：Justin Pauley ISBN：978-7-111-60788-5 定价：79.00元

利用Python进行数据分析（原书第2版）

书号：978-7-111-60370-2　作者：Wes McKinney　定价：119.00元

Python数据分析经典畅销书全新升级，第1版中文版累计印刷10万册

Python pandas创始人亲自执笔，Python语言的核心开发人员鼎立推荐

针对Python 3.6进行全面修订和更新，涵盖新版的pandas、NumPy、IPython和Jupyter，并增加大量实际案例，可以帮助你高效解决一系列数据分析问题